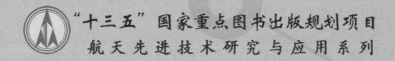

"十三五"国家重点图书出版规划项目

航天先进技术研究与应用系列

航天器任务分析与设计
——STK基础与应用

DESIGN AND MISSION ANALYSIS FOR SPACECRAFT

FUNDATION AND APPLICATION OF STK

闻新 陈辛 陈镝 著

哈尔滨工业大学出版社

HITP

HARBIN INSTITUTE OF TECHNOLOGY PRESS

内 容 简 介

本书致力于让读者在空间飞行器设计和卫星工具软件应用两个方面有所收获,重点介绍小卫星设计及其应用 STK 的任务分析。本书共分三大部分:微小型空间飞行器总体设计、STK 软件使用入门和提高以及 STK 在小卫星群任务分析中的应用。主要内容包括:空间飞行器设计概要、航天器飞行轨道基础、姿态控制建模、STK 软件入门、STK 系统建模和任务分析、STK 在航天器群中的应用等。

本书是作者在多年指导研究生、本科生工作基础上,参考国内外本领域许多专家的研究成果精心撰写的一部关于微小型航天器任务分析与 STK 基础及其应用的著作。本书既适合对 STK 软件不熟悉的读者,也适合对 STK 软件有一定基础的读者,愿读者能够通过阅读本书,掌握 STK 工具软件及其应用,为我国航天事业的发展做出贡献。

本书可供航空航天、计算机仿真、电子信息、信息化管理和系统工程等相关专业高校学生作为学习用书,同时也可供从事系统决策、情报分析、项目论证以及其他专业研究的技术人员参考使用。

图书在版编目(CIP)数据

航天器任务分析与设计:STK 基础与应用/闻新,陈辛,

陈镝著. —哈尔滨:哈尔滨工业大学出版社,2018.4(2021.9 重印)

ISBN 978 - 7 - 5603 - 7034 - 7

Ⅰ.①航⋯ Ⅱ.①闻⋯②陈⋯③陈⋯ Ⅲ.①航天器–

计算机仿真 Ⅳ.①V411.8

中国版本图书馆 CIP 数据核字(2017)第 275957 号

策划编辑	王桂芝 张风涛	
责任编辑	张 瑞 刘 威	
出版发行	哈尔滨工业大学出版社	
社　　址	哈尔滨市南岗区复华四道街 10 号 邮编 150006	
传　　真	0451 - 86414749	
网　　址	http://hitpress.hit.edu.cn	
印　　刷	哈尔滨市石桥印务有限公司	
开　　本	787mm×1092mm 1/16 印张 16.25 字数 385 千字	
版　　次	2018 年 4 月第 1 版 2021 年 9 月第 2 次印刷	
书　　号	ISBN 978 - 7 - 5603 - 7034 - 7	
定　　价	48.00 元	

前　言

"空间飞行器总体设计"也称为"航天器系统工程"。空间飞行器总体设计技术是一项多学科、多专业交叉与综合的系统工程技术,在空间飞行器研制和应用中占有重要地位,其技术水平不但对提高空间飞行器总体水平、缩短研制周期、节省研制经费起着重要作用,而且直接关系到空间飞行器总体性能及其总体技术指标的先进性、可靠性、安全性和空间飞行器的在轨工作寿命。

空间飞行器设计的工具软件 STK 在商业、政府和军事任务中发挥着越来越重要的作用,STK 可以给出精确的分析结果,其逼真的场景仿真获得了众多专家的认可,其应用领域也在不断扩大,涵盖了空间飞行器设计和操作、通信、导航、遥感、战略和战术防御、战场管理等多个领域,成为航天及其相关领域最有影响力的软件之一。

我国 STK 应用范围不断扩大,近几年来国内学生对外交流不断增加,通过各种渠道拥有 STK 软件的用户也在逐渐扩大。与此同时,STK 应用也在从航空航天专业向外扩张,最新版本的 STK 已经更名为"系统工程软件包(System Tool Kit)"。由此可见,未来STK 将在我国各个领域得到广泛应用。

本书系统性强,涉及的内容包括航天器总体设计、最新小卫星及其编队的成果介绍、STK 软件入门、STK 应用与微小航天器群的设计与分析。本书有四大特点:

(1)通俗地介绍了空间飞行器总体设计过程,从一个总体指标入手分析了诸多航天器总体设计问题;

(2)综合国外最新的小卫星设计成果,采用图解的形式对其进行介绍与分析;

(3)由浅入深地介绍了应用 STK 的设计步骤;

(4)嵌入一些微小型航天器群任务分析,并且是建立在最新 STK 版本基础上的应用分析案例。

本书由北京理工大学珠海学院自动化专业负责人闻新教授组织撰写,具体编写分工如下:第 1~7 章由闻新撰写,中国航天第一研究院 12 所的陈辛参与验证;第 8~11 章由陈辛撰写。全书由闻新统稿。另外,沈阳航空航天大学的研究生陈镝利用暑假期间对第8 章内容进行了实验分析与整理。

本书的出版,还要特别感谢沈阳航空航天大学航空航天工程专业的张业伟副教授、杨靖宇副教授以及刘家夫副教授的帮助。本书在撰写过程中,参阅了国内同行出版的相关书籍,在此表示深深的感谢。

限于作者的水平,书中不妥之处恳请读者批评指正,欢迎提出宝贵意见。

作　者
2021 年 8 月

目　　录

2

第1章 绪 论

1.1 什么是空间飞行器总体设计

"空间飞行器总体设计"中的"总体设计"一词是由中国航天之父钱学森给出的,英文表述是"System Engineering",所以学术界又称"空间飞行器总体设计"为"空间飞行器系统工程"。

什么是"总体设计"或"系统工程"?钱学森说它是一种科学方法,美国学者说它是一门科学,还有专家说它是一门特殊工程学,但大多数科学家认为它是一种管理技术。

空间飞行器总体设计技术是根据用户需求在空间飞行器研制和飞行过程中与总体紧密相关的设计技术的统称。具体来说就是根据用户的特定任务要求,对空间飞行器功能和总体技术指标进行综合论证;协调确定与运载火箭、发射场、测控网和地面应用等其他系统之间的接口和约束条件;分析和选择有效载荷的配置;选择和设计能够实现该任务的飞行轨道;完成总体技术方案和空间飞行器的构型设计;在总体统筹和优化的基础上,确定各分系统的研制技术要求;完成结构与机构、热控制、综合电子等与总体密切相关的分系统设计和实验;确定系统集成方案,完成总装设计、总体电路设计以及总装集成后的电性能测试方案制定和实施;制定部件和系统级环境实验条件、地面验证实验方案和空间飞行器建造规范等。

空间飞行器总体设计技术是一项多学科、多专业交叉与综合的系统工程技术,在空间飞行器研制和应用中占有重要地位,其技术水平不但对提高空间飞行器总体水平、缩短研制周期、节省研制经费起着重要作用,而且直接关系到空间飞行器总体性能及其总体技术指标的先进性、可靠性、安全性和空间飞行器的在轨工作寿命。

1.2 空间飞行器总体设计的内容

"空间飞行器总体设计"以空间飞行器系统为基础,主要论述空间飞行器系统级方面的问题,所涉及的对象是工程大系统,所涉及的知识深度局限于设计最优大系统需要,所涉及的知识领域包含"机""光""电"等十几种学科。

从理论角度看,空间飞行器总体设计属于系统工程范畴,涉及的对象是工程大系统。从航天任务角度看,空间飞行器总体设计是探索、开发和利用太空以及太空以外天体的综合性工程技术,集诸多科学领域之大成,它的发展又反过来促进各个学科领域向前发展。

"空间飞行器总体设计"的内容包括航天任务分析、空间飞行器环境分析、总体设计概述、总体方案设计、姿态与轨道控制系统、轨道动力学、运载器、地面测控站、通信系统、电源系统、结构与机构、电磁兼容性、地面测试和产品可靠性等。所以，不难看出，"空间飞行器总体设计"课程的目标是使学生通过本课程学习，基本了解空间飞行器总体方案设计的方法，初步具备在任务分析基础上构思空间飞行器总体方案的能力。

1.3　从飞行任务角度认识载荷

1.3.1　载荷的种类

航天活动是探测研究太空环境和利用开发太空资源的重要手段，空间飞行器则是直接探测研究太空环境和利用开发太空资源的主要工具。发展航天技术、研制和发射空间飞行器的任务和目的，就在于开发信息、物质和能量类产品，以满足人类文明进步和社会日渐繁荣的需求。

利用空间飞行器开发信息类产品，包括获取和传输太空环境信息、获取和传输地球和大气层系统环境信息、转发或发送各种无线电信息等，可以完全用仪器、设备或装置等物质性载荷以自动化方式进行。因此，空间飞行器都载有用于获取、传输或转发、发送信息的物质性有效载荷。利用空间飞行器开发物质类和能量类产品要比开发信息类产品困难得多，也复杂得多。

有效地、成规模地开发物质类和能量类产品，虽然离不开物质类有效载荷，但在现今和可以预见的未来还很难或不宜全部以自动化方式实现，还需要人到达太空现场参与进行。这正是载人空间飞行器得以发展的缘由。载人空间飞行器上载有航天员，而人是世间万物中最宝贵的因素。因此，载人空间飞行器虽然会装载物质性有效载荷，但其最重要的有效载荷则为执行航天任务的航天员。

综上所述，空间飞行器的有效载荷从大的方面可分为航天员和物质性有效载荷两类。其中，作为载人空间飞行器的主要有效载荷 —— 航天员并非单指航天员本身，而是由航天员和一定的装备（如航天服、必要的工具等）组成的一个能从事航天活动的系统。

作为空间飞行器必备的物质性有效载荷视航天任务的不同而异，在现阶段大体上可以分为进行科学探测的仪器和科学实验的设备、获取地球和大气层系统反射和辐射（发射）的电磁信息的遥感设备、转发无线电信息的通信设备、发送定位信息的导航设备等几种，今后还可以有生产特种材料和药物的设备、发送电力的装置等，它们中的每一种都是由若干个成分组成的复杂系统。例如，遥感器可分为结构、光学、电控、存储和传输等几个分系统。

1.3.2　载荷的地位

位于太空中的空间飞行器上的有效载荷,必须由空间飞行器提供能量、信息、物质和创造适当的人工环境、条件,才能在高真空、强辐射、超低温背景和冷热交变等严峻的太空环境下可靠和有效地工作。空间飞行器上用于保证与支持有效载荷工作的仪器、设备和系统称为空间飞行器的平台系统。

空间飞行器平台系统的各组成部分彼此也相互支持。空间飞行器的有效载荷和平台组合成为一个整体,若把空间飞行器视作一级系统,则其包括有效载荷和平台两个二级系统,而平台又分为结构系统、热控系统、姿态控制系统、推进系统、遥测遥控系统、电源系统、数据管理系统等(如为载人空间飞行器,还包括返回着陆系统、航天员生命保障系统、仪表照明系统、航天员应急救生系统)。

1.3.3　载荷的角色

空间飞行器在太空中完成任务、实现功能的标志为能产生符合设计要求的输出。空间飞行器平台内的各分系统一般是从不同的角度和方面为产生直接输出的有效载荷或平台内其他分系统提供服务与支持的。

换言之,空间飞行器的性质和功能主要是由有效载荷决定的。从这个意义来讲,有效载荷又是空间飞行器的核心,它在空间飞行器设计中应起主导作用。

有效载荷在空间飞行器设计中的主导作用,要求组成空间飞行器平台的各分系统以有效载荷的需要作为它们最基本的设计要求。当然,有效载荷对平台各分系统提出的设计要求,应是在空间飞行器系统总设计师主持下,经有效载荷和平台各分系统充分协商后确定的,应符合空间飞行器功能实现和整体优化的原则。有效载荷在空间飞行器设计中的主导作用,绝不意味着有效载荷的要求高于一切、有效载荷的设计师和设计单位高人一等。实际上,空间飞行器有效载荷离开平台各分系统的保证与支持,或不能工作或不能产生正常的输出;有效载荷设计单位离开平台各分系统设计单位的配合与协作,也完不成或很难完成其研制任务。

因此,作为在空间飞行器设计中起主导作用的有效载荷及其设计单位,务必谨慎,务必尽可能地考虑平台各分系统的要求。就是说,空间飞行器有效载荷和平台双方,均应以完成整个航天器的任务作为共同的目标。

1.4　认识航天大系统

航天大系统是由空间飞行器、运载火箭、航天发射场、航天测控网、应用系统组成的可以完成特定航天任务的工程系统,如图 1.1 所示。其中应用系统为空间飞行器的用户系统,一般是地面应用系统,如 GPS 接收机、气象预报等。

航天大系统是现代典型的复杂工程大系统,具有规模庞大、系统复杂、技术密集、综合性强,以及投资大、周期长、风险大、应用广泛和社会经济效益可观等特点,是国家级大型工程系统。组织管理航天大系统的设计、制造、实验、发射、运行和应用,要采用系统工程方法,在航天工程实践中形成的航天系统工程,进一步丰富和发展了系统工程的理论和方法。完善的航天大系统是一个国家科技水平和经济实力的重要标志,目前世界上只有为数不多的国家拥有这种实力,而中国就是其中之一。

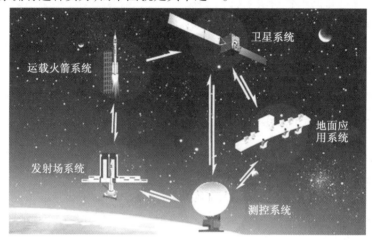

图 1.1　航天大系统组成

1.5　空间飞行器总体设计的概念

设计空间飞行器时,第一步需要定义空间飞行器设计的任务目标,即准确地阐述空间飞行器设计的任务目的。例如,覆盖全球的高分辨率图像的采集任务。第二步,根据任务目标选择所需的载荷仪器或设备,如在对地观测任务中,需要选择能够拍摄地面图像的相机。第三步是制订有效载荷的操作计划:如何运行载荷硬件从而最佳地实现目标呢?如何确定有效载荷在空间中的位置,从而最大限度地发挥其效用,这就产生了一个合适的任务轨道。在这类任务中,通常选择近地低轨(LEO)。因此,对空间飞行器的各个分系统设计也提出了相应的要求。

有效载荷是空间飞行器最重要的部分,没有它,空间飞行器就无法实现任务目标。分系统设计完全是为了支持有效载荷,因此,为了确保有效载荷能够有效地工作,通常从两方面来决定如何设计一个分系统,即分系统需要做什么以及需要提供什么。例如,有效载荷需要一定量的电源加以运转,那么电源分系统的设计,即太阳帆板以及蓄电池的规格就需要根据有效载荷的要求来决定。按照这种逻辑方式,同样可以设计其他分系统。

在这里提到了空间飞行器的分系统,但并没有给出具体的定义以及它们的工作内容。所有的空间飞行器都是由基本的分系统组成的,表 1.1 列出了其中一些主要的分系统以及支持有效载荷运行需要的功能。

表 1.1 主要的空间飞行器分系统及其功能

分系统	功 能
有效载荷	为了完成任务目标,选择合适的载荷硬件(如照相机、望远镜、通信设备等)
任务分析	确定发射空间飞行器的运载火箭、确定完成任务的目标轨道,以及如何将空间飞行器从发射场发送到最终的目的地
姿态控制	实现空间飞行器的准确指向(如太阳帆板指向太阳,通信天线指向地面站等)
推进器	利用星载火箭系统,可以实现空间飞行器在轨转移、控制目标轨道和空间飞行器姿态
电源	为有效载荷和其他分系统提供电源
通信	在空间飞行器与地面站之间建立通信连接,下传有效载荷数据和遥测数据,上传对空间飞行器的控制指令
星载数据处理	对有效载荷数据、遥测数据进行存储和处理,允许分系统之间的数据交换
热控系统	提供合适的热环境,确保有效载荷和分系统正常工作
结构设计	在任何可预测的环境下,为有效载荷和分系统硬件提供结构支撑

关于表 1.1 的进一步解释:

(1) 航天工程师不把有效载荷归为分系统一类,通常把空间飞行器分为两个部分,将有效载荷与空间飞行器平台(服务模块)区别开来,后者作为空间飞行器的一部分,包含所有起支持作用的分系统。

(2) 任务分析有时不被视为分系统,因为空间飞行器上没有任何硬件部分可以体现。但是,为了充分反映一个典型的空间飞行器系统的设计结构,表 1.1 中列举了有效载荷和任务分析两部分内容。

(3) 表 1.1 中在提到通信分系统的功能时,涉及遥测技术的概念。事实上,遥测技术本质上就是空间飞行器上的传感器测量数据,这些传感器测量数据可以监测空间飞行器各个分系统的状态,如果出现问题,则会发出警告。获得的数据通过遥测技术下传到空间飞行器的地面测控中心,并显示在计算机屏幕上,当出现问题时可以迅速采取行动。

上述设计过程可以概括为图 1.2 所示流程图。首先确定任务目标,接下来针对设计的任务目标展开一系列工作。确定需要用到的有效载荷以及具体的实施途径,当有效载荷确定后,再进一步分析其需要分系统提供哪些资源。例如,有效载荷需要一定量的电能,这就需要设计电源分系统。如果载荷需要定向,例如太空望远镜或对地观测成像卫星,其指向的稳定度和精确度就成了姿态控制分系统设计所需考虑的关键因素。在某些情况下,载荷会生成数据,比如成像系统的载荷会生成图像数据,这些数据或者在星上存储,或者直接通过通信分系统下行传输到地面。载荷生成数据的速率以及数据总量直接影响星上数据处理系统的设计。有效载荷生成的数据速率需要通过通信分系统传输到地面,这个传输过程也会对空间飞行器的通信分系统的设计提出一些要求。此外,某些有效载荷对工作环境的温度范围要求很严格,从而和热控分系统的设计非常相关。

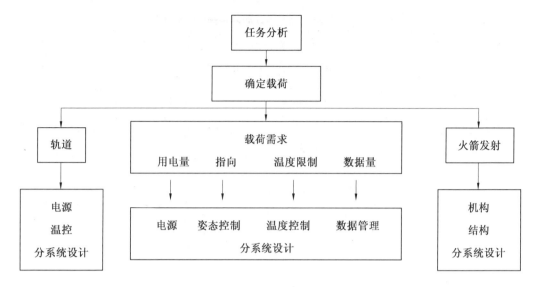

图 1.2　空间飞行器分系统设计流程图

　　当然,其他因素也会影响分系统的设计,通常是通过卫星的有效荷载确定空间飞行器任务轨道的选择,如图 1.2 左边框图所示,这也是轨道影响分系统设计的例子。例如,一旦确定了轨道,任务分析工程师则会计算出空间飞行器的阴影区,阴影区是指飞行器在绕地球公转轨道运转时处于黑暗中的时间。如果空间飞行器位于光照区轨道上,则依靠太阳帆板供电,否则就得依靠蓄电池供电。在轨道上的阴影区将极大程度地影响空间飞行器电源分系统的设计。同样地,阴影区和光照区也反映了空间飞行器在轨道上能够接收到的太阳光的热量,所以这也影响热控分系统的设计。

　　运载火箭所处环境的恶劣程度是影响空间飞行器结构设计的关键因素,如图 1.2 的右边框图所示。事实上,空间飞行器的设计方法并不神秘,主要是基于一些基本的应用常识。

1.6　空间飞行器的设计过程

1.6.1　了解空间飞行器设计的各个阶段

　　在科技高速发展的今天,如何开展空间飞行器设计呢? 空间飞行器的设计过程包含着人的主观因素,正因为如此,其中的一些事情并不如期望的那样客观,尤其是最初提出的可行性分析和初步设计概念。所以,对于整个空间飞行器设计,确定空间飞行器的设计方法是至关重要的。通常关于空间飞行器的设计工程被分为 A、B、C、D 和 E 共 5 个阶段,表 1.2 给出了从初期设计到最终在轨运行的整个过程。

表 1.2　空间飞行器系统的设计和开发

	阶段	持续时间	进行的活动
A	初步设计和可行性分析	6 ~ 12 个月	完成空间飞行器的初步设计;提出时间安排和成本花费计划;验证影响可行性的关键技术
B	详细设计	12 ~ 18 个月	将最初的设计具体到技术方案,包括详细的分系统设计;确定后续各阶段的发展计划
C/D	开发、制造、集成和测试	3 ~ 5 年	开发和制造在轨运行期间的硬件;进行系统集成;进行地面测试
E	飞行操作	在轨时间	将空间飞行器运送到发射架;确定发射计划;初期轨道操作和目标轨道操作;任务结束后的相关处理

注:A ~ D 阶段是一种规划草案,在实施过程中会根据空间飞行器的类型有所改变

前面提到的大多数内容都是集中在阶段 A—— 初期设计,为了能够切实感受到在实际的空间飞行器中这一阶段是如何运作的,可以假设某个指定的空间飞行器和某个团队签署了一份在阶段 A 中的研究合同,在这个阶段里,空间飞行器的初期设计过程有时就是指空间飞行器系统工程。对这个概念的定义是多样性的,其中一种是指:开发一个可操作的空间飞行器,在满足一些强制条件下(如空间飞行器质量、任务成本、计划流程)能够高效地实现任务目标的科学技术。这听起来很复杂,但主要工作仅仅是设计空间飞行器的各个分系统,并确保各个分系统集成后作为一个完整的空间飞行器能够高效地完成任务目标。

航天系统工程是不同于空间飞行器系统工程的另一个学科。本书的重点是空间飞行器本身的设计,所以这里将研究范围局限到空间飞行器本身,并把它作为一个系统。从另一个角度看,航天系统工程应当包括更大的范围,不仅是空间飞行器本身,也应当包含项目的其他部分,比如操作空间飞行器和收集数据的地面站。本书不针对这些领域,而仅仅把重点放在空间飞行器上。

现在重新把重点放到空间飞行器系统工程的设计过程中来。首先需要一个由各个分系统工程师组成的设计团队,通常每个分系统会有一个系统工程师作为其负责人,对每个分系统来说,负责人并不需要和队员有相同深度的专业知识背景,但其对整个系统要有充分的了解,以便实现整个设计的集成一体化。

传统设计方法的提高、改进需要很多分系统工程师的分析和设计,以及整个设计团队的反复论证,从而最终确定改进的设计方案和总体方案(这里形容空间飞行器的设计方法具有传统性,似乎听起来很奇怪,但事实上这样的设计方式已经持续了半个世纪)。实际上,系统方案是非常重要的,每个分系统的专家都是独立工作的,通过各自的能力最终设计出非常优秀的方案。但如果不能将其与其他分系统的设计整合起来,那么这个设计方案就是无用的。

就空间飞行器总体设计而言,分系统工程师们很快会意识到这是一个团队的设计,每个人都需要让步和妥协,才能最终成功地完成任务。前面提到的设计过程的客观性就与这点有关。考虑到人员队伍的集合程度,空间飞行器系统工程可以被重新定义为开发可操作空间飞行器的科学技术(或艺术)。这项工作有时会有些艺术化,因为工作成果由团队的能力和各成员之间相互合作的默契程度所决定。分系统工程师们必须接受他们的分

系统设计方案有可能会因为其他分系统或有效载荷的原因,需要加以修改(很有可能是他们完全不喜欢的方式)的情况。

设计过程的另一个重要特点是反复性,设计团队针对空间飞行器的设计会达成初步方案,但在检查设计方案时会发现某些方面的设计有待提高或者存在问题。设计过程就变成了检查 — 重新设计 — 再在新的设计方案中克服难题。但新的设计可能还会存在问题,所以这个过程会一直持续,直到最终的设计在各个方面都变得可接受。

在过去几十年或更长的一段时间里,这种传统的设计方法已经因为计算机技术的发展而有所改变。但设计团队的基础结构并没有变化,只不过现在设计团队加入了计算机工作实验台,这看起来像一个迷你版的任务控制。各个分系统工程师只需要坐在工作台前听从团队总负责人的指挥。该设计方式被称为并行工程设计,它不仅适用于空间飞行器工程,还可以用于很多涉及复杂设计的工业领域,如汽车行业。

设计过程的核心是中央计算机的数据库,可以存储所有空间飞行器的设计资料。每当团队成员对分系统的设计进行更新时,相应的数据库也会进行内容更新。其他团队成员会立刻接收到具体的变化内容,并能很快地将这些变化对其他分系统的影响做出评估。这项技术最大的优点是缩短空间飞行器的设计时间,将时间从 6 个月缩短至 1 ~ 2 个月。但是,计算机的引入并不能取代设计团队中优秀的分系统工程师,对于并行工程设计的设备来说,这些工程师仍然非常重要,他们需要检验计算机的输出是否有效,并最终确定出成功的设计方案。

1.6.2　空间飞行器工程的最终设计极限

相信大部分人认为空间飞行器应该是一项前沿技术,但是事实上并非如此。一方面,分系统工程师一直竭尽全力地在他们各自的专业领域提出新想法,开发新技术,在减小空间飞行器的质量和能源消耗的同时,提高空间飞行器的性能。另一方面,提出的新想法是否可行也存在一定问题:它们能在轨运行吗? 将这些新方法用于空间飞行器的设计并最终获得成功需要花费多少时间和成本? 本质上来说这些创新方法会给整个项目运行带来一定的风险,而这些风险会影响到项目的时间计划以及经费支出。因此,一些设计理念需要经过上百次的验证后才能被采纳并用于空间飞行器的设计。这种情况在商业空间飞行器的设计中尤为常见,比如通信卫星。商业公司在设计和制造卫星方面的竞争是非常严格的。承包人通常为了实现成本最低化宁愿采取固定保守的工程方案,从而更容易竞标成功。这些发生在设计和生产卫星过程中的竞争是不可避免的,挑剔的承包商将采用原有的工程手段来减少经费支出、缩短研制周期,从而竞标成功。因此在这种情况下,表1.2中显示的开发阶段的时间则将被大大缩短。

既然如此,那么空间飞行器工程的技术如何进步呢? 通常情况下,一些创新工程在实际应用之前,首先要在科学卫星上搭载。尽管如此,空间飞行器上的分系统设计技术的历史也已有几十年了。事实上这样更有助于提高整个空间飞行器系统的可靠性。

现在逐渐流行的创新分系统飞行测试技术就是采用小卫星进行测试。但是,什么样的卫星可以定义为小卫星呢? 航天科学家认为质量在 180 kg 以下的卫星可以称为小卫星。随着计算机的小型化,人类可以制造相对复杂和功能齐全的小卫星进行新技术的飞行验证。这项技术能够长期发展的关键在于它的低成本。由于小卫星可以作为一个小伙伴搭载在运载火箭上,因此发射成本能够大幅度降低。考虑到投入成本低,新技术在轨测试失败造成的后果可以有效降低,这使得使用小卫星进行飞行测试的技术显得更吸引人了。

1.7　小卫星及其分布系统的最新发展现状

小卫星具有体积小、质量轻、研制周期短、发射成本低和易于组网等特点。过去很多人认为小卫星只能用作一些简单的空间飞行技术实验,或培养研究生和本科生科技创新之用(小卫星也称为"大学卫星")。但今天随着科学技术的发展,小卫星已经成为未来空间实验和太空探索的一个重要工具。2017 年度小卫星国际论坛在美国硅谷举行,来自美国、欧洲、俄罗斯、日本航天领域的专家和学者纷纷表示,小卫星正在从单颗应用发展到编队应用,甚至几百颗以上的大规模集群应用。与此同时,单颗或几颗小卫星的火箭搭载发射时代也将结束,未来一定是集群式的共享发射。

本节调研和综述了近几年来分布式小卫星系统的应用情况和发展动态,深入分析了一些关键知识点。同时也给出了相关项目的英文全称,或者相关项目的英文缩写,以便读者查阅和跟踪这些前沿项目。

1.7.1　小卫星的标准分类

卫星的体积和成本取决于任务需求,如有些卫星可以拿在手中或放在衣兜里,而有的卫星(哈勃望远镜)则像消防车一样大。小卫星主要是指质量小于 180 kg,且体积大小如同家用微波炉的体积或更小的卫星。目前国际上最新的小卫星分类方式见表 1.3。

表 1.3　小卫星的分类

卫星	质量 /kg
小卫星(Minisatellite)	100 ～ 180
微小卫星(Microsatellite)	10 ～ 100
纳卫星(Nanosatellite)	1 ～ 10
皮卫星(Picosatellite)	0.01 ～ 1
飞星(Femtosatellite)	0.001 ～ 0.01

需要指出,在大多数情况下,纳卫星往往被设计为一种标准的立方体卫星。所谓立方体卫星的标准体积为一个基本单元,即 1U,其体积为 10 cm × 10 cm × 10 cm。根据应用的需要,也可以扩展为 1.5U、2U、3U、6U 甚至 12U 等,如图 1.3 所示。

最初的立方体卫星是 1999 年加州理工大学和斯坦福大学用于教育及太空探索的一个平台,现在它已经发展成为政府、企业和学术界的新技术实验平台,甚至成为先进的空间探索任务工具,应用范围在逐渐扩大。

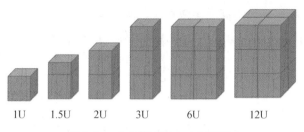

图 1.3　立方体卫星大小示意图

1.7.2　地球科学探索任务

地球科学探索任务旨在科学理解地球系统及其对自然因素和人类活动影响的反应,从而进一步提高对气候、天气和自然灾害的预测能力。本节主要关注由多颗卫星执行的地球科学探索任务,使用或计划使用两颗及两颗以上,质量在 10 kg 以下的小卫星任务。

1. 动态电离层立方体卫星实验(Dynamic Ionosphere CubeSat Experiment,DICE)

DICE 项目是由犹他州立大学牵头、美国国家科学基金会和美国国家航空航天局的纳卫星教育发射计划支持的多组织合作任务。DICE 项目于 2011 年 10 月发射了两颗 1.5U 的立方体卫星到高度为 410 ~ 820 km、轨道倾角为 102° 的椭圆形近地轨道。如图 1.4 所示,每颗卫星携带的主要有效载荷包括:两个朗缪尔探测器,用于测量电离层环境的等离子体密度;若干个电场探测器,用于测量环境的交直流电场强度;一个磁强计,用于测量环境的交直流磁场强度。

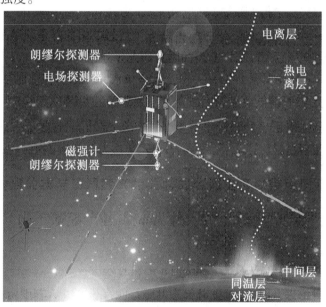

图 1.4　DICE 项目立方体卫星

DICE 项目将有助于精确分析地磁暴的时间特征,如地磁暴的密度突增和羽流。DICE 项目的两颗立方体卫星没有自主控制位置的功能,它成功地验证了空间中无控型的星座任务,其中下行链路通信速率为 3 Mb/s,使用 GPS、磁强计和太阳传感器保证姿态测量在 ±0.7°(1 s 误差),并采用转矩线圈使得卫星姿态控制在 ±5°(1 s 误差)。

2. 相对电子爆发强度、范围和动力学特性的专项研究

由蒙大拿州立大学和新罕布什尔大学牵头,并由美国国家科学基金会资助的相对电子爆发强度、范围和动力学特性(Focused Investigations of Relativistic Electron Burst Intensity, Range, and Dynamics, FIREBIRD)任务,旨在使用两颗 1.5U 的立方体卫星评估范·艾伦辐射带中的磁层微爆发的空间规模和时空模糊性。2013 年 12 月 6 日,两颗 FIREBIRD 立方体卫星在加利福尼亚州的范登堡空军基地(Vandenberg Air Force Base, VAFB)搭乘阿特拉斯 – 5 – 501(Atlas – 5 – 501)运载火箭,进入到高度为 467 ~ 883 km、轨道倾角为 120.5°的太阳同步轨道。

2015 年 1 月 31 日,另外两颗 FIREBIRD – Ⅱ 1.5U 的立方体卫星搭乘德尔塔 2 号(Delta – 2)运载火箭(图 1.5)从范登堡空军基地发射到高度为 685 km、轨道倾角为 98°的太阳同步轨道。这些立方体卫星的特征是被动姿态控制,因为它们不能自主控制位置,所以这个任务也是无控型的星座任务。

图 1.5　FIREBIRD 1.5U 立方体卫星(左)和 FIREBIRD – Ⅱ 1.5U 立方体卫星(右)

3. Flock – 1 成像星座任务

由美国行星实验室公司研发的 Flock – 1 星座任务由 100 多颗 3U 的立方体卫星组成(图 1.6),为环境监测、人道主义活动和商业应用提供 3 ~ 5 m 分辨率的地球图像。2014 年 2 月中旬,该公司采用 Nano Racks 公司的立方体卫星分配器,将 28 颗 Flock – 1 立方体卫星在国际空间站上进行部署,其运行在轨道高度为 400 km、倾角为 52°的近地轨道上。

截至目前,已部署 113 颗立方体卫星。这些立方体卫星通过开、关太阳帆板来更替其运行状态,这是一个有控型星座任务。

4. 爱迪生小卫星网络演示任务

如图 1.7 所示的爱迪生小卫星网络(Edison Demonstration of Smallsat Networks, EDSN)演示任务是由美国宇航局的艾姆斯研究中心主导研发、美国国家航空航天局的空间技术任务部门资助的一个创新项目,其主要目的是为了验证在距地球 500 km 的轨道上发射部署 8 颗卫星组成无控型星座的能力。这 8 颗 1.5U 的立方体卫星每颗都携带了高能

粒子集成空间环境监测装置,通过在地理上分散的区域同时测量高能带电粒子的位置和强度,来分析近地轨道的辐射环境。每颗立方体卫星都搭载了一部 Nexus S 智能手机,用于测试现成的商用软件和硬件。立方体卫星利用智能手机上的陀螺仪、GPS 和磁力计传感器确定它们的姿态,并利用 3 个反作用飞轮实现姿态控制。

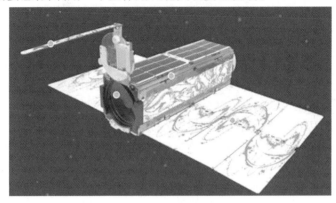

图 1.6　目前世界最大的地球遥感星座

EDSN 卫星于 2015 年 11 月 3 日在夏威夷作为超级斯届比(Super – Strypi)火箭的次级载荷发射升空,但由于火箭发生故障,发射失败。

图 1.7　爱迪生小卫星网络演示任务

5. QB50 项目

QB50 项目是由比利时冯·卡门研究所牵头,欧盟委员会的研究机构部分资助的多组织合作任务。它旨在将全球大学团队研制的 50 颗卫星发射组网,在低温层(90 ~ 350 km)进行多点、原位测量及再入研究。如图 1.8 所示,每颗 2U 立方体卫星除携带卫星常规的标准仪器外,还额外搭载一套用于低温层和再入研究的标准化传感器。大多数的 QB50 立方体卫星将被发射到高度为 380 km、轨道倾角为 98°的近地圆形轨道,少数将被部署到高度为 380 ~ 700 km 的椭圆形近地轨道。该项目中大多数立方体卫星无法自主地控制位置,这个任务属于无控型星座任务。

6. 全球卫星导航系统空间星座任务

全球卫星导航系统空间星座任务是由美国喷气推进实验室(JPL)负责的空间气象任务,该项目计划利用立方体卫星组成星群和 Ad – hot 网络,搭载小型 GPS 接收机实现大气电离层磁气圈测量,如图 1.9 所示。

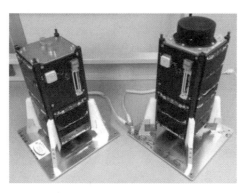

图 1.8 QB50 项目的两颗卫星

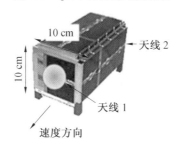

图 1.9 用于全球卫星导航系统空间星座任务的立方体卫星

7. 火箭立方体卫星任务

由美国喷气推进实验室和美国国家航空航天局促进竞争性研究实验计划资助,达特茅斯学院正在开发研制的火箭立方体卫星平台(图 1.10),旨在实现轨道和亚轨道科学任务的低成本多点测量。这些火箭立方体卫星将由探空火箭发射升空,并且它们本身不具备主动位置控制能力。该任务计划发射 10 ~ 12 颗火箭立方体卫星,通过实时观测方式来观察电离层和极光的时空变化。

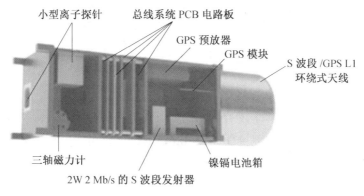

图 1.10 火箭立方体卫星结构示意图

8.卡律布狄斯任务

由斯特拉斯克莱德大学牵头,英国工程和物理科学研究理事会资助的卡律布狄斯星座项目,其目的是获得高时空分辨率的沿海和内陆水道多光谱图像。这些信息对于理解河口生态系统和沉积物悬浮的演变、人类起源过程对水系的影响,以及潮汐对海洋色彩的影响有很大帮助。该任务计划采用一个由 115 颗纳卫星构成的受控型星座(携带微推进系统来保持卫星间相对位置)实现全球覆盖,或采用 30 颗纳卫星实现对英国大陆每 2 h 一次的区域覆盖。

9.哨兵任务

由英国帝国理工学院负责,英国航天局资助的哨兵任务,计划发射一个由 100 余颗立方体卫星组成的无控型星座来研究地球磁层。卫星将进行实时测量,从而了解地磁暴在地球磁层中的形成过程,尤其是在磁尾区域发生的磁暴。

10.大气温度和湿度探测任务

大气温度和湿度探测任务是由美国喷气推进实验室负责的用于大气温度和湿度探测的 6U 立方体卫星星座概念,该任务计划发射 4 ~ 15 颗低倾角轨道卫星,对提高极端天气事件预测精度所需的关键地球物理参量进行成像。每颗 6U 立方体卫星将携带 118 GHz 的温度探测器和 183 GHz 的湿度探测器,并将在太空中形成一个可控星座。如图 1.11 所示,该任务提出了使用纳卫星星座来测量地球表面的双向反射分布函数(即表面反射的方向和光谱变化)概念,用于精密测定反照率。

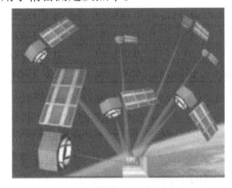

图 1.11　多角度和多光谱的探测任务

11.傅里叶变换光谱仪立方体卫星任务

傅里叶变换光谱仪立方体卫星任务是由美国 Exelis 公司地理空间系统部门和密歇根大学合作设计完成的,3 颗编队飞行的 6U 立方体卫星将携带傅里叶变换光谱仪作为有效载荷(图 1.12),它们合作测量全球风场,并绘制风场的垂直剖面图和长期天气预报,同时立方体卫星会保持 12 h 的回访时间。

12.电离层断层扫描任务

电离层断层扫描任务由斯坦福大学国际研究院主导,计划使用携带“数字电视”接收机的立方体卫星来进行电离层断层扫描。每颗卫星都与数字电视基站建立联系,并测量数字电视信号的相位变化,以便了解电离层对太阳、地球磁层和高层大气压力的响应关系,同时还对电离层密度的层析进行成像测量。

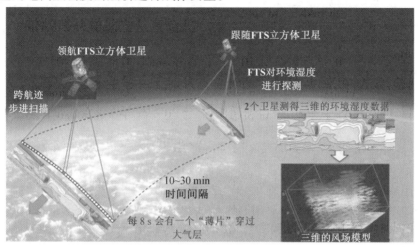

图 1.12　多颗 FTS 立方体卫星可以测得风场的三维模型

13. 空间态势感知任务

空间态势感知任务主要由澳大利亚阿德莱德大学负责研究,任务主要是采用 5 颗均匀分布的立方体卫星组成一个小型可控星座(图 1.13),来探测地球中轨道和地球静止轨道带中的空间碎片。洛克希德·马丁公司也提出过一个类似的空间态势感知任务,在该任务中,立方体卫星星座被发射到地球同步轨道以上 500 km 的高度。

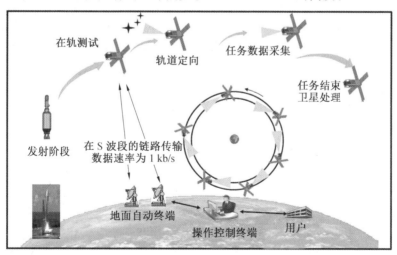

图 1.13　空间态势感知任务流程图

14. 阿尔忒弥斯(Artemis)任务

阿尔忒弥斯任务是由非营利组织 Artemis 空间组织提出的,该任务包括两项计划:一项是构建由 200 颗纳卫星组成的星座,用于观测和监视地球局部空间环境;另一项是建立由 35 颗小卫星和立方体卫星组成的月球星座,它将提供一系列服务,如支持地月间的通信联络、绘制月表图像，以及未来开发月球的探测任务等。

1.7.3 深空探测任务

开展深空探测任务是为了了解宇宙和我们在宇宙中的位置、太阳系中的行星和小天体以及生命的起源，并对地球和太阳系间的相互作用进行研究。本节将介绍使用或计划使用两颗及两颗以上小卫星的深空探测相关任务。

1. 亮星目标探测星座任务

亮星目标探测星座任务是由维也纳大学牵头，奥地利太空总署和加拿大航天局资助的亮星目标探测（Bright - Star Target Explorer，BRITE）星座任务，旨在对亮星进行毫米级（0.1% 误差）的微分光度测量。如图 1.14 所示的两颗纳卫星，均使用了由多伦多大学开发的通用纳米卫星总线平台。在 2013 ~ 2014 年共发射了 6 颗纳卫星，它们在太空中形成一个无控型星座。这些纳卫星采用 GPS 接收机、三轴磁力计、6 个太阳传感器和星敏感器进行 10″ 误差范围内的姿态确定，并使用 3 个磁铁和 3 个反作用飞轮将姿态误差控制在 1′ 均方差范围内。

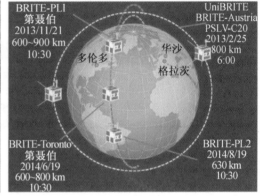

图 1.14 两颗"CanX - 3" BRITE 任务卫星和亮星星座在轨部署的情况示意图

2. 可重构空间望远镜的自动组装任务

可重构空间望远镜的自动组装任务是由加州理工学院和萨里空间中心主导，凯克空间研究学院资助的可重构空间望远镜的自动组装（Autonomous Assembly of a Reconfigurable Space Telescope，AAReST）任务，旨在通过两颗 3U 的立方体卫星（子星）与一颗 9U 的纳卫星（母星）进行自主分离和重组，来验证空间望远镜的自主装配和组合技术（图 1.15）。中央纳卫星上装有两个固定反射镜和一个悬臂焦点平面组件，两颗 3U 的立方体卫星均携带电动自适应反射镜。这些卫星计划采用 GPS 接收机、三轴磁力计、基于互补性金属氧化物半导体阵列的太阳和地球敏感器、1 个三轴磁力矩器和 3 个反作用飞轮，在所有轴上以 0.5(°)/s 速率转动，实现误差在 ±1° 内的姿态控制。

3. 轨道低频射电天文学天线任务

轨道低频射电天文学天线任务是由荷兰代尔夫特理工大学牵头的轨道低频射电天文望远镜任务，将在0.3 ~ 30 MHz 的工作频段部署50 ~ 1 000 颗相同的纳卫星构成大型星座,每颗卫星将携带一个由 3 个正交偶极子组成的长达 5 m 的天文天线,用于射电天文学研究。由于地球上空的电离层对低频无线电波不透明,所以低于 30 MHz 的频带是地面射电天文望远镜不能探测到的频率范围之一。

图 1.15　AAReST 的展开过程和紧凑部署状态

4. 空间超低频射电天文台任务概念

由中国科学院主导的空间超低频射电天文台(Space Ultra - Low Frequency Radio Observatory,SULFRO)任务计划发射一个无控型星座,该星座由 1 颗微小卫星和 12 颗纳卫星组成(图 1.16),其中微小卫星为主星,纳卫星为从星。星座将在拉格朗日 L2 点附近的利萨如(Lissajous)轨道或晕轨道上运行。每颗纳卫星载有 3 个偶极天线,能够在 1 ~ 100 MHz 频率范围内对"整个星空"实时观测。

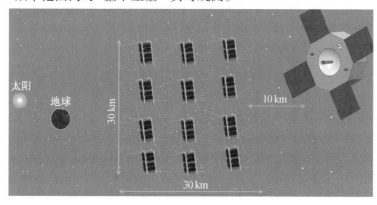

图 1.16　SULFRO 任务系统示意图

5. 相关环境中的行星际纳型航天探测器任务

相关环境中的行星际纳型航天探测器任务,是由美国喷气推进实验室主导的行星际验证任务。在地球轨道上部署两颗纳卫星,对通信、导航和有效载荷技术进行评估。两颗 3U 的纳卫星均使用星敏感器、陀螺仪和光电二极管来调整自身姿态,精度可达到 ±7″(1 s 误差),并可用 4 个推进器的冷气推进系统控制姿态,如图 1.17 所示。

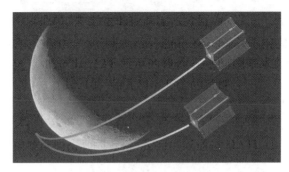

图 1.17 INSPIRE 任务

6. 火星立方体卫星星座任务

火星立方体卫星星座任务由美国喷气推进实验室负责,计划在火星周围发射 60 颗立方体卫星组成星座,研究火星上电场活动的频率以及地理分布和强度。在火星轨道上,卫星所携带的敏感器灵敏度比在地球上要高出好几个数量级,即便卫星上的仪器精度差一些,也可以正常工作。

7. 行星际无线电掩星立方体卫星星座任务

由麻省理工学院主导的行星际无线电掩星立方体卫星星座(Interplanetary Radio Occultation CubeSat Constellation,IROCC)任务,计划将 6 颗 3U 立方体卫星作为更大的行星际飞行器的次级有效载荷,发射到另一个行星。该星座将采用无线电掩星技术来测量行星大气层和电离层的温度、压力以及电子密度分布。

8. 太阳极区成像仪任务

太阳极区成像仪任务由美国喷气推进实验室牵头负责,美国国家航空航天局创新先进概念局资助。计划发射 6 颗 6U 立方体卫星组成星座,用以研究太阳极区的磁场和日震学。星座将被置于高度倾斜的外黄道垂直轨道上,半长轴约为 0.99 个天文单位。这些立方体卫星配备了大量的科学仪器,并利用太阳帆作为动力飞抵高度倾斜轨道。

1.7.4 技术验证任务

技术验证任务旨在验证最先进的技术在太空中的应用。在本节中,主要介绍使用或计划使用两颗及两颗以上,质量小于 10 kg 的小卫星进行技术验证的任务。

1. 空间绳系自主机器人卫星任务

由日本香川大学和高松国力科技大学主导的空间绳系自主机器人卫星(Space Tethered Autonomous Robotic Satellite,STARS)任务,验证了使用 10 m 长的系绳实现子卫星与母卫星对接和分离的技术。如图 1.18 所示,母卫星质量为 4.2 kg,子卫星质量为 3.8 kg。首先,母卫星会给子卫星一个初始速度完成子卫星的部署,然后再使用系绳收回它,最终实现对接。2009 年 1 月 23 日,卫星作为 H – IIA 运载火箭的次级载荷发射升空。母卫星使用 GPS、磁力计和陀螺仪来确定自己的姿态,并使用磁力矩器进行姿态控制。子卫星使用相机确定其相对于母卫星的姿态,然后利用其自身在系绳张力下的臂杆运动来控制姿态。尽管空间存在不稳定因素,但基本实现了预案目标。

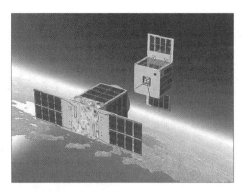

图 1.18　STARS 的子卫星部署过程

2. Aero Cube − 4 任务

如图 1.19 所示的 Aero Cube − 4 立方体卫星由英国宇航公司研制,其中每颗 1U 立方体卫星的质量为 1.2 kg。这些立方体卫星均采用地球和太阳敏感器、高精度三轴速率陀螺仪及惯性测量单元来控制自身姿态,其绝对姿态精度可达 1°;使用 GPS 接收机以20 m 的精度估算自身位置,并通过可展开太阳翼改变横截面面积来控制自身的位置。2012 年 9 月 13 日,这些卫星作为联合发射联盟(ULA)公司 Atlas − 5 − 411 号运载火箭的次级有效载荷,在范登堡空军基地(VAFB)发射升空到椭圆近地轨道,其轨道高度为 480 ~ 780 km,轨道倾角为 65°。这些卫星会自主改变其阻力剖面,并使用不同的机翼构型,可以在短时间内实现编队飞行的队形重构任务。

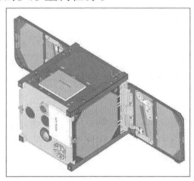

图 1.19　展开状态下的 Aero Cube − 4 立方体卫星

3. 普罗米修斯任务

美国洛杉矶洛斯阿拉莫斯国家实验室发射了 8 颗质量为 2 kg 的 1.5U 立方体卫星,如图 1.20 所示。该任务的主要目的是验证超视距卫星与便携式的远程设备和地面站之间的通信能力,如传输音频、视频和数据文件等能力。2013 年 11 月 19 日,这 8 颗卫星作为 Minotaur − 1 火箭的次级有效载荷,被发射到高度为 500 km、轨道倾角为 40.5° 的圆形近地轨道上。每颗卫星都有 4 个可展开的太阳电池板和一个可展开的螺旋天线,使用寿命为 3 ~ 5 年。此外,美国陆军空间和导弹防御司令部也正在开展一项类似的任务。

图 1.20　普罗米修斯立方体卫星群

4. 踢卫星(Kick Sat) 项目

踢卫星项目是由康奈尔大学牵头的民间太空探索项目,该项目的任务是发射数百颗小型芯片卫星到近地轨道空间,评估其在轨性能,同时也研究其再入性能。该项目的母卫星是一颗 3U 立方体卫星,内含 104 颗尺寸为 32 mm × 32 mm × 4 mm、质量小于 7.5 g 的芯片卫星,它们也被称为"小精灵",如图 1.21 所示。

2014 年 4 月 18 日,在佛罗里达州的卡纳维拉尔角,母卫星搭载太空探索(SpaceX) 公司"龙"飞船,发射到高度为 325 km、轨道倾角为 51.6° 的近地轨道。但由于控制芯片卫星的时钟出现重置现象,导致芯片卫星无法被正常部署,并于 2014 年 5 月 15 日坠入地球大气层。

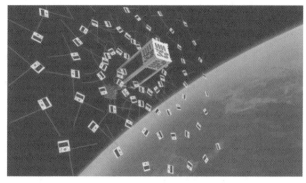

(a) 母卫星部署芯片卫星

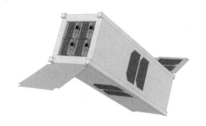

(b) 母卫星

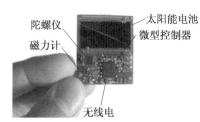

(c) 芯片卫星

图 1.21　踢卫星系统组成示意图

5. VELOX – 1 任务

由新加坡南洋理工大学负责的 VELOX – 1 任务包含一颗纳卫星和一颗皮卫星,该项目是采用一颗 3U 纳卫星在轨道上部署一颗 70 mm × 60 mm × 30 mm 的皮卫星,如图 1.22 所示。该 3U 纳卫星采用 1 个 GPS、2 个惯性测量装置、1 个双目视觉的太阳传感器、8 个粗太阳传感器、3 个 磁转矩器和 3 个反作用轮,实现三轴姿态稳定。

2014 年 6 月 30 日,该项目的卫星在印度斯里赫里戈达岛的萨迪什·达万航天中心,由 PSLV – C23 运载火箭发射升空,并成功实现了预期任务目标。

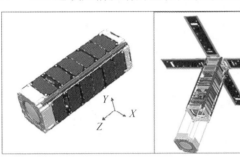 

图 1.22　VELOX – 1 任务中的纳卫星(左) 和皮卫星(右)

6. 加拿大先进纳米空间实验任务 CanX – 4&5

由多伦多大学负责,加拿大航天局资助完成的加拿大先进纳米空间实验任务 CanX – 4&5 是一个双纳星项目。该任务用于验证具有亚米级跟踪误差精度和低速度变化(Δv)要求的卫星编队飞行任务。如图 1.23 所示,每颗纳卫星的质量均小于 7 kg,配备 6 个粗／精太阳敏感器、1 个三轴磁力计、3 个速率陀螺仪、3 个磁力矩线圈和 3 个正交安装的反作用轮,可保证姿态控制精度为 1°,并利用星间通信和差分 GPS 实现 10 cm 的相对位置确定精度。卫星利用最大推力为 5 mN、总 Δv 为 14 m/s 的加拿大先进纳卫星推进系统(CNAPS) 执行编队操作,相对位置控制精度可达 1 m。2014 年 6 月 30 日,CanX – 4&5 纳卫星由 PSLV – C23 运载火箭,从印度斯里赫里戈达岛成功发射到了高度为 660 km、轨道倾角为 98.2° 的太阳同步轨道。通过使用载波相位差分 GPS 进行极高精度的相对导航,这两个航天器可以先以 100 m 间距,再以 50 m 间距执行圆投影轨道编队飞行(从地面观察者的角度来看,像一颗卫星围绕另一颗卫星飞行),卫星还执行了一系列精确、可控的自主编队任务。目前,该任务已成为先进编队飞行任务的榜样。

图 1.23　CanX – 4&5 纳星

7. 立方体卫星临近操作验证任务

由 Tyvak 纳卫星系统公司主导,美国国家航空航天局资助的立方体卫星临近操作验证任务(Cubesat Proximity Operations Demonstration,CPOD),计划使用一对带有可展开太阳能电池板的3U立方体卫星,验证卫星在近地轨道上的交会、临近操作、编队飞行与对接技术,如图1.24 所示。

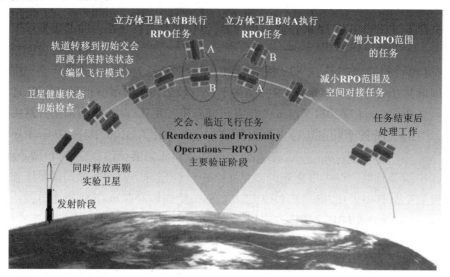

图 1.24　CPOD 的不同阶段任务展示

8. Aero Cube – 光通信和传感器演示任务

由宇航公司研发并得到 NASA"小卫星技术计划"支持的 Aero Cube – 光通信和传感器演示(Aero Cube – Optical Communication and Sensor Demonstration)任务,旨在验证近地轨道上的立方体卫星与地面站终端的光通信技术,并演示如何使用商用现成品(COTS)传感器跟踪附近的航天器,如图1.25 所示。这两颗1.5U的立方体卫星将使用汽车防撞雷达传感器和廉价光电鼠标传感器来避免碰撞,并利用可展开太阳翼和机载冷气

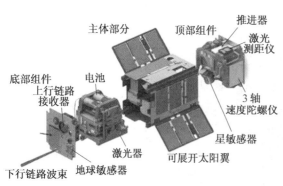

图 1.25　Aero Cube – OCSD 卫星及其结构示意图

推进器在 200 m 范围内控制自己的位置。这两颗立方体卫星预计将被发射到高度为 400 ~ 700 km 的太阳同步轨道,并可利用 GPS、太阳和地球水平敏感器、磁力计、星跟踪器、3 个磁扭矩杆和3 个反作用飞轮实现 ±0.1° 的绝对精度指向。

9. 天网一号任务

由上海微小卫星工程中心完成的天网一号项目,如图 1.26 所示,旨在验证两颗立方体卫星的自主编队飞行任务和利用软件无线电实现的卫星间通信技术。该项目由一颗 3U 立方体卫星(TW - 1C)和两颗 2U(TW - 1A、TW - 1B) 立方体卫星组成。2015 年 9 月,卫星在酒泉卫星发射中心顺利发射进入近地轨道。

图 1.26　天网一号 2U 立方体卫星(TW - 1A、TW - 1B)

10. Rascal 任务

由圣路易斯大学负责,NASA 立方体卫星发射计划支持的 Rascal 任务,旨在验证卫星临近操作和空间环境感知的关键技术,如红外成像、六自由度推进、无线电频率临近报警以及自动化操作等。两颗 3U 立方体卫星将使用红外和可见光摄像机确定相对位置和姿态,并利用冷气六自由度推进单元调整姿态和位置,以及利用尼龙搭扣与底板进行对接。

11. 纳星空间自主集群飞行和地理定位任务

由以色列理工学院主导,并得到以色列航天工业公司支持的"空间自主纳星集群飞行和地理定位任务",旨在演示多颗卫星的长期自主编队飞行,如图 1.27 所示。该任务将使用 3 颗基于立方体卫星标准平台研发的 3U 立方体卫星,每颗卫星上都将配备冷气推进系统、原子钟、星间通信系统以及可展开太阳能电池板。这 3 颗卫星将被发射到半长轴、偏心率、倾角相同的轨道,并形成一个卫星集群,卫星间的相对距离从最近的 100 m 到最远的 250 km。其中一颗星将被指定为"领航者",其他两颗星将作为"跟随者"。"跟随者"可根据"领航者"的运动状态,对运行轨道进行修正,以满足相对距离约束。另外,地面控制中心可下达指令从而实现卫星间的角色转换。

12. 硅片集成卫星群任务

由美国喷气推进实验室、伊利诺伊大学厄巴纳 - 香槟分校和科学系统公司负责,美国国防高级研究计划局资助的硅片集成卫星群任务,计划在地球近地轨道部署一个由成百上千颗 100 g 级芯片卫星组成的卫星群,用于稀疏孔径阵列和分布式传感器网络的应用。该卫星群可形成三维队形并以低燃耗的方式保持队形。如图 1.28 所示的每颗卫星,质量为 100 g,将配置通信系统、三轴姿态和位置传感器、星载计算机和能源单元、微型反作用飞轮,以及一个基于微型推进系统的飞星和基于小型化胼系统的推进单元。设计研究得出结论,推进系统和长距离通信电子设备的小型化将是 SWIFT 飞行任务成功的关键。

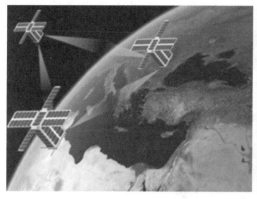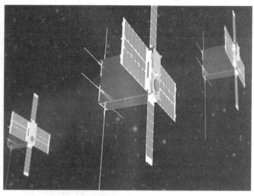

图 1.27　空间自主纳星集群

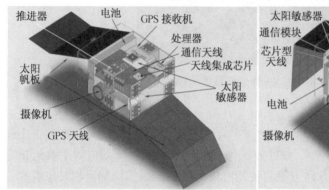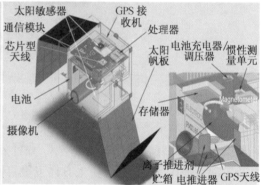

图 1.28　基于微型推进系统的飞星（左图）和基于小型化胼系统的推进器单元（右图）

13. 日本九州与美国实验卫星系绳任务

日本九州与美国实验卫星系绳任务是亚利桑那州立大学、圣克拉拉大学和日本九州大学之间的联合项目。该任务计划先在卫星间展开一根 2 km 长的系绳,然后通过协同控制保持主卫星和从卫星的队形,如图 1.29 所示。这个任务类似于前人提出的在太空中产生人工重力的任务。

14. 高速、多光谱、自适应分辨率立方体卫星成像星座任务

由斯坦福大学负责的高速、多光谱、自适应分辨率立方体卫星成像星座(High - Speed, Multispectral, Adaptive Resolution Stereographic CubeSat Imaging Constellation, HiMARC)任务,计划发射 4 颗 3U 合成孔径光学望远镜组成的无控型星座,从而提供地球、太阳、月球和天文目标的快速、多光谱、高分辨率立体图像。

15. 实时定位任务

实时定位任务是由以色列理工学院主导的概念性项目,计划使用 2 颗或 3 颗近地轨道卫星组成编队,通过测量信号到达的时间差,以精确地确定地面上电磁脉冲信号源的位

置。任务设想采用小卫星编队进行空间地理定位,实现对火星探测器精准的追踪,在全球导航卫星系统(GNSS)受干扰的情况下实现一个冗余导航系统,或实现遇险信号自主定位系统的成本最小化。

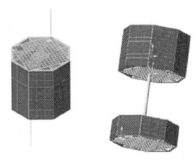

图 1.29　QUEST 任务的航天器构型

16. 人道主义卫星星座任务

由欧空局主导的人道主义卫星星座(Humanitarian Satellite Constellation,HUMSAT)项目是一项具有教育意义的国际性倡议,如图 1.30 所示,该项目旨在建立一个纳星座,为世界上基础设施不完善的地区提供全球通信能力。任务计划部署一个全球性的立方体卫星星座,用以支持人道主义活动、急救应用以及监测与气候变化相关的各项参数。目前,全世界范围内已有 19 所大学表示有兴趣参与研发该任务将使用的卫星。

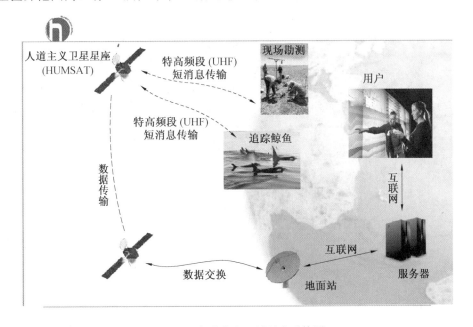

图 1.30　人道主义卫星星座系统图

17. 伊利诺伊大学厄巴纳－香槟分校和美国喷气推进实验室立方体卫星编队飞行任务

这个任务由伊利诺伊大学厄巴纳－香槟分校负责,美国喷气推进实验室资助,计划发射 4 颗或 6 颗立方体卫星到近地轨道,以演示在太空中的编队飞行任务。4 颗立方体卫星在太空中保持四面体队形,6 颗立方体卫星在多个 J2 项不变的相对轨道间,用实时的连续凸规划法进行最优重构策略验证,J2 项不变的轨道具有最小漂移特性,卫星可消耗最少的燃料来保持运行轨道不变。大量的仿真结果表明,4 颗立方体卫星构型在 100 多个轨道可以将精度保持在 5 m 以内,6 颗立方体卫星构型则可以使用最先进的商用现成品(COTS)传感器和执行器在 J2 不变轨道之间执行多达 20 个队形重构。

18. "放飞你的卫星"实验项目

"放飞你的卫星"实验项目是由欧洲航天局(European Space Agency,ESA)教育办公室组织,面向欧洲大学生的太空实验任务,共发射了 3 颗由在校大学生参与研制的立方体卫星,如图 1.31 所示。它们分别是来自比利时列日大学,用于测试新型通信系统的 OUFTI - 1 卫星;来自意大利都灵理工大学,通过测量地球磁场从而确定卫星姿态的 e - st@r - II 卫星;来自丹麦奥尔堡大学,利用自动识别系统辨识和跟踪沿海地区过境船舶位置的 AAUSAT4 卫星。这 3 颗体积为 10 cm × 10 cm × 11 cm、质量约 1 kg 的卫星于中欧夏令时 2016 年 4 月 25 日搭乘联盟号运载火箭,从位于法属圭亚那的库鲁欧洲航天发射场发射升空。发射后的 24 h 以内,地面控制中心分别接收到了 3 颗卫星传来的信号,确认它们已经按照预定计划顺利进入轨道。通过参与这项实验计划,来自 3 所大学的同学们都有了参与真实太空任务的经历,这也是欧空局教育办公室致力于推行这个项目的主要目的,他们希望通过这种方式培养欧洲的下一代空间科学家和工程师,从而使欧洲的太空探索技术和研究水平能够走在世界前列。

图 1.31 "放飞你的卫星"实验项目中的 3 颗卫星

1.7.5 总结

相比于传统的大卫星,小卫星的研发成本低,设计周期短,功能密度高。成百上千颗小卫星构成的集群灵活性好,鲁棒性高,能完成大卫星无法完成的任务,应用前景广阔,而发展小卫星集群的关键就是高集成模块化技术和分布式协同控制技术,相信在不久的将来,随着其功能的不断完善,将会逐渐取代传统卫星。

从人类科学技术的发展历史来看,航天系统工程的发展将会带动其他学科发展。20 世纪 60 年代美国阿波罗登月所研制的新材料、新技术和新工艺推广到各个领域,美国的计算机水平一直领先于世界,可以说是得益于阿波罗计划的推动。今天小卫星集群的技术发展也将推动其他科学技术的进步。

从国际上对小卫星集群的研究和应用状况来看,未来将从以下几个方面开展研究工作:

(1) 在性能不变的情况下,尽可能地降低空间任务的成本,即用低成本去完成传统的太空探索任务;

(2) 通过简单的设计获得高可靠性产品;

(3) 引入群智能理论成果,利用先进的微电子、微机械、微推进和仿生技术等,研究小卫星集群的自主或自治的管理技术,完成更复杂的太空探索。

第2章 时间系统

针对不同的航天任务通常需要采用不同的时间系统,本节仅仅介绍常用的时间系统,包括时间系统的建立、天球概念、世界时和世界协调时以及真太阳时和平太阳时。另外,如果需要应用原子时、历书时、力学时等,读者可以在此基础上通过互联网自学。

2.1 时间与时间系统建立

中世纪著名思想家奥古斯丁有一句名言:"时间是什么?人不问我,我很清楚,一旦问起,我便茫然。"时间是一个很抽象的概念,生活中我们知道时间具有流逝性和测度性,流逝性是指时间一去不复返,测度性是指时间是可以测量的。

时间还包含"时刻"和"时段"两个概念,在古代时期,科学家们发明了用一天内日影方向和长度变化来测定时间的"日晷"和"圭表"等装备(图2.1);后来,又发明了利用流体计时的"铜壶滴漏"和"燃香"等计时方法,这些装备和方法都利用了周期性的运动规律。

在今天的日常生活中,人们通常采用钟表计时,而且还建立了完备的时间系统,如以地球自转为规律的世界时、以太阳系内行星公转为基准的历书时、以物质内部原子的跃迁过程中辐射或吸收的电磁波频率为基准的原子时等。

(a) 奥古斯丁　　　　　　　　　　　　　　　　(b) 日晷
图2.1　古罗马帝国时期天主教思想家奥古斯丁和故宫博物院的日晷

2.2　天球的定义

远古时期,人们认为地球是平的,天空是一个大圆顶,太阳、月亮和行星系在这个圆顶上,好像是"天球",如图2.2(a)所示。尽管这种认知后来被证明是错误的,但在研究航天器和星体运动关系时,人类保留了这一视角,只是把地球看成球心而已,如图2.2(b)所示。

(a)　平坦地球拥有一个圆顶天空　　　　　(b)　航天活动假象的天球

图2.2　平坦地球拥有一个圆顶天空和航天活动假想的天球

关于天球的基本概念、定义与解释。

(1)天球。

以空间任意点为中心,以任意长为半径(或把半径看成数学上定义的无穷大)的圆球称为天球。需要说明的是,人类航天活动通常是以观测者眼睛为中心建立天球,在此基础上讨论其他天文基本概念。而实际工程应用时,需要以某一"被围绕天体"的质心(如研究卫星绕地球运动时,选地球质心)为中心建立天球。

(2)球面上的圆。

平面截球体所得的截面为圆,当圆过球心时为大圆,否则为小圆。

(3)天顶和天底。

过天球中心 O(观测者的眼睛)作铅垂线(观测者眼睛所在位置的重力方向,垂线与法线的偏差为垂线偏差,在 $60''$ 量级内),延长线与天球相交于两点天顶 Z 与天底 Z'。天顶 Z 位于观测者头顶的方向,天底 Z' 位于观测者脚下的方向。

(4)真地平圈。

过天球中心 O 作与直线 ZOZ' 相垂直的平面,与天球相交的大圆为真地平圈,与其垂直的大圆称为地平经圈(垂直圈),与其平行的小圆称为地平纬圈(等高圈)。

(5)天极和天赤道。

过天球中心 O 作与地球自转轴平行的直线 POP',称为天轴。天轴与天球相交于北天

极 P 和南天极 P'。过天球中心 O 作与天轴垂直的平面 QOQ'，称为天赤道平面，实为地球赤道面的延伸。与天赤道垂直的大圆称为赤经圈，也称时圈；与天赤道平行的小圆称为赤纬圈。

（6）天子午圈、四方点和天卯酉圈。

过天顶 Z、天底 Z' 以及北天极 P 的大圆称为天子午圈 ZPZ'，天子午圈与真地平圈相交于南点 S 和北点 N。天赤道 QOQ' 与真地平圈相交于东点 E 和西点 W，E，W，N，S 合称为四方点，即观测者的 4 个方向点。过天顶 Z、天底 Z' 以及东点 E 的大圆称为天卯酉圈 ZEZ'。真地平圈、天子午圈、天卯酉圈两两垂直。

（7）周日视运动。

人们从直观上总觉得所有天体都有东升西落的运动。由于这种运动，每天都有规律地重复出现，故称为天体的"周日视运动"。

（8）中天。

天体周日视运动经过测站子午圈的瞬间称为天体的中天。测站子午圈与天体的周日平行圈（天体在天球上一天的运行轨迹）有两个交点。当天体到达最高位置交点时，称为上中天；当天体到达最低位置交点时，称为下中天。

（9）黄道和黄极。

过天球中心 O 作与地球公转轨道面平行的平面称为黄道面，其与天球的交线称为黄道，过天球中心 O 作垂直于黄道面的直线与天球的交点称为黄极。

（10）春分、秋分、夏至、冬至。

黄道面相对赤道面的升交点（天体沿轨道从南向北运动时与参考平面的交点）称为春分点，即黄经 0°，黄道上与春分点相距 90°、180°、270° 的点分别是夏至、秋分以及冬至点。

2.3　世界时系统

世界时系统是以地球自转为依据的时间系统。

1. 世界时与协调世界时

在 1884 年召开的华盛顿国际经度会议上，专家一致认为虽然已经制定了不同区域的地方时，但是在一些重大的全球性活动中，还需要有一个全球范围内大家都共同遵守的统一时间，因此大会又规定了"国际标准时间"。

"国际标准时间"要求全球范围内以 0 经度线上的时间作为国际上统一采用的标准时间，因为 0 经度线通过英国格林尼治天文台，所以"国际标准时间"也称为"格林尼治时间"，又称世界时。

世界时是以地球自转为基础，不够精确。1979 年在日内瓦举行的世界无线电行政大会通过决议，用"协调世界时间（UTC）"取代"世界时"，并作为无线电通信领域内的标准时间。协调世界时是以原子时秒长为基础，在"时刻"上接近于世界时的一种时间计量系统，如北京时间，在时区划分上，属东八区，比协调世界时早 8 h，记为 UTC + 8。

2. 真太阳时和平太阳时

太阳时是指以太阳日为标准来计算的时间,可以分为真太阳时和平太阳时。日常生活用的时间为平太阳时,平太阳时假设地球绕太阳是标准的圆形,一年中每天都是均匀的,钟表所表示的时间就是平太阳时。

恒星时是以地球真正的自转为基础,即从某一颗恒星升起开始到这一颗恒星再次升起。实际上,恒星时是由春分点的周日视运动所决定的时间,春分点连续两次过中天的时间间隔称为一个"恒星日"。恒星时的起点为春分点上中天的时刻,恒星时就是春分点的时角,它的数值正好等于该瞬时上中天恒星的赤径。恒星时以角度量表示,在原有的时间单位基础上乘以 15,即 1 s 对应 15″,1 min 对应 15′,1 h 对应 15°。

地球自转是不均匀的,对恒星时有一定影响。如图 2.3 所示,以太阳为例,太阳时是指以太阳为标准来计算的时间,考虑到这种影响的为真太阳时,否则为平太阳时。日常生活用的时间为平太阳时,平太阳时假设地球绕太阳运行的轨道是标准的圆形,一年中每天都是均匀的,钟表所表示的时间就是平太阳时。而如果考虑地球绕太阳运行的轨道是椭圆的,则地球相对于太阳的自转并不是均匀的,每天并不都是 24 h,有时候少,有时候多,考虑该因素得到的时间就是真太阳时,日晷所表示的时间就是真太阳时。

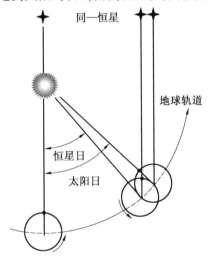

图 2.3　恒星时与太阳时的图解

因为真太阳时是自然的,每天都不均等,即使是相邻的两天也有差别。而平太阳时是人为定义的,每天都相等,均为 24 h。这就使两者之间产生了时差,其被称为"真太阳时和平太阳时的时差",简称"真平时差"。天文学家们把一年 365 天的"真平时差"都计算出来,形成了真平时差表。时差的变化范围从 − 14 分 24 秒 ~ 16 分 21 秒,一年中有 4 次为 0。

第3章 空间飞行器轨道分析与机动

本章介绍了一些轨道力学的基本概念,研究了开普勒二体问题,并推导出了经典的轨道圆锥曲线方程,并从能量最优的霍曼转移开始,介绍了几类经典的轨道机动方法。

3.1 开普勒二体问题

二体问题的解是研究行星绕太阳,卫星绕中心天体运动的近似解,是进一步研究更复杂的天体运动的基础。在二体问题中,只要知道两个天体在初始时刻的位置和速度,就可以计算出其任意时刻的状态。因此,对开普勒二体问题的运动方程的研究显得尤为重要,而在研究开普勒二体问题的运动方程之前,需要做出以下假设:

(1)除相互引力外,不存在其他任何内力或外力;

(2)不考虑潮汐现象;

(3)两个天体都是匀质球体;

(4)中心天体的质量远大于轨道天体的质量;

(5)引力采用牛顿力学定义。

在以上假设条件下,开普勒二体运动方程可以写成:

$$\ddot{\boldsymbol{r}} + \frac{\mu \boldsymbol{r}}{r^3} = \boldsymbol{0} \tag{3.1}$$

式中　　$\boldsymbol{r}$——地心惯性坐标系(ECI)下的位置矢量,$r = \parallel \boldsymbol{r} \parallel$;

　　　　μ——万有引力常数。

$$\boldsymbol{r} = [X, Y, Z]^{\mathrm{T}} \tag{3.2}$$

为求解式(3.1),将惯性系下的运动方程转换到极坐标系下,得到

$$\boldsymbol{r} = r\hat{\boldsymbol{r}} \tag{3.3}$$

$$\dot{\boldsymbol{r}} = \dot{r}\hat{\boldsymbol{r}} + r\dot{\theta}\hat{\boldsymbol{\theta}} \tag{3.4}$$

$$\ddot{\boldsymbol{r}} = (\ddot{r} - r\dot{\theta}^2)\hat{\boldsymbol{r}} + (2\dot{r}\dot{\theta} + r\ddot{\theta})\hat{\boldsymbol{\theta}} \tag{3.5}$$

式中　　θ——纬度幅角。

将式(3.1)代入式(3.5),得到极坐标系下的运动方程为

$$\ddot{r} = r\dot{\theta}^2 - \frac{\mu}{r^2} \tag{3.6}$$

$$\ddot{\theta} = -\frac{2\dot{r}\dot{\theta}}{r} \tag{3.7}$$

结合式(3.7)可以得到

$$\frac{\mathrm{d}}{\mathrm{d}t}(r^2\dot{\theta}) = r(r\ddot{\theta} + 2\dot{r}\dot{\theta}) = 0 \tag{3.8}$$

式中　$r^2\dot{\theta}$——轨道角动量 h 的模,即

$$\boldsymbol{h} = \boldsymbol{r} \times \dot{\boldsymbol{r}} = \boldsymbol{r} \times \boldsymbol{v} = \begin{bmatrix} r \\ 0 \\ 0 \end{bmatrix} \times \begin{bmatrix} \dot{r} \\ r\dot{\theta} \\ 0 \end{bmatrix} = \begin{vmatrix} \hat{x} & \hat{y} & \hat{z} \\ r & 0 & 0 \\ \dot{r} & r\dot{\theta} & 0 \end{vmatrix} = r^2\dot{\theta}\hat{z} = h\hat{z} \tag{3.9}$$

式中　$\hat{z}$——轨道平面的单位法向量。

由式(3.8)可知,轨道平面角动量矩阵 $\boldsymbol{h}$ 中各个量为常值。这不仅意味着 $\boldsymbol{h}$ 的模是恒定的,而且在惯性坐标系下的每一个分量也都是恒定的。为证明这一点,可以对 $\boldsymbol{h}$ 求导,有

$$\dot{\boldsymbol{h}} = \dot{\boldsymbol{r}} \times \dot{\boldsymbol{r}} + \boldsymbol{r} \times \ddot{\boldsymbol{r}} = -\frac{\mu}{r^3}\boldsymbol{r} \times \boldsymbol{r} = 0 \tag{3.10}$$

根据导数的定义,$\ddot{r}$ 可以表示为

$$\ddot{r} = \frac{\mathrm{d}}{\mathrm{d}t}\left(\frac{\mathrm{d}r}{\mathrm{d}t}\right) = \frac{\mathrm{d}r}{\mathrm{d}t}\frac{\mathrm{d}}{\mathrm{d}r}\left(\frac{\mathrm{d}r}{\mathrm{d}t}\right) = \dot{r}\frac{\mathrm{d}}{\mathrm{d}r}(\dot{r}) = \mathrm{d}\left(\frac{\dot{r}^2}{2}\right) \tag{3.11}$$

将式(3.9)和式(3.11)的结果代入式(3.6),得

$$\mathrm{d}\left(\frac{\dot{r}^2}{2}\right) = \left(\frac{h^2}{r^3} - \frac{\mu}{r^2}\right) \tag{3.12}$$

对式(3.12)左右两侧进行积分,可得

$$\varepsilon = \frac{\dot{r}^2}{2} + \frac{h^2}{2r^2} - \frac{\mu}{r} = \underbrace{\frac{\dot{r}^2}{2} + \frac{(r\dot{\theta})^2}{2}}_{\text{动能}} - \underbrace{\frac{\mu}{r}}_{\text{势能}} \tag{3.13}$$

从式(3.13)可以看出,轨道天体在任意点的动能与势能之和总为常数 ε,即机械能守恒。上式有时也可写成

$$\varepsilon = \frac{v^2}{2} - \frac{\mu}{r} \tag{3.14}$$

式中　v——速度矢量的大小。

在极坐标形式下求解运动方程,利用两个运动常数,可以得到

$$\dot{r} = \sqrt{2\left(\varepsilon + \frac{\mu}{r}\right) - \frac{h^2}{r^2}} \tag{3.15}$$

$$\dot{\theta} = \frac{h}{r^2} \tag{3.16}$$

尽管式(3.15)和式(3.16)中给出两个对时间求导的独立变量,但以 $r = r(\theta)$ 的形式进行运算将更加简捷。将式(3.15)与式(3.16)相除,得到

$$\frac{\mathrm{d}r}{\mathrm{d}\theta} = \frac{r^2\sqrt{2\left(\varepsilon + \frac{\mu}{r}\right) - \frac{h^2}{r^2}}}{h} \tag{3.17}$$

式(3.17)是一个可分离变量的微分方程,利用初始条件 $\theta_0 = \omega$ 可以对上式直接进行积分,其中 ω 为近地点幅角有

$$\theta = \int \frac{h\,\mathrm{d}r}{r^2 \sqrt{2\left(\varepsilon + \dfrac{\mu}{r}\right) - \dfrac{h^2}{r^2}}} + \omega = \arccos \frac{\dfrac{1}{r} - \dfrac{\mu}{h^2}}{\sqrt{\dfrac{2\varepsilon}{h^2} + \dfrac{\mu^2}{h^4}}} + \omega \qquad (3.18)$$

对 r 求解,得到

$$r = \frac{\dfrac{h^2}{\mu}}{1 + \sqrt{1 + \dfrac{2\varepsilon h^2}{\mu^2}}\cos(\theta - \omega)} \qquad (3.19)$$

这就是著名的圆锥曲线方程在极坐标下的形式,由式(3.19)得到的轨道称作开普勒轨道,通常简写为

$$r = \frac{p}{1 + e\cos f} \qquad (3.20)$$

$$p = \frac{h^2}{\mu} \qquad (3.21)$$

$$e = \sqrt{1 + 2\varepsilon \frac{h^2}{\mu^2}} \qquad (3.22)$$

$$f = \theta - \omega \qquad (3.23)$$

式中 p —— 半正交弦;

e —— 偏心率;

f —— 真近点角。

值得注意的是,此轨道方程为圆锥曲线,其中包括椭圆,所以这就是开普勒第一定律的数学描述,即行星围绕太阳做椭圆运动。二体问题的轨道常称为开普勒轨道。

位置矢量 $\boldsymbol{r}$ 的角速度为 $\dot{f}$,即真近点角的变化率。垂直于位置矢量的速度分量可由角速度表示为

$$v_\perp = r\dot{f} \qquad (3.24)$$

将式(3.24)代入 $h = rv_\perp$,同样可以得到以角速度表示的单位角动量为

$$h = r^2\dot{\theta} \qquad (3.25)$$

由 $h = rv_\perp$ 可得

$$v_\perp = \frac{h}{r} \qquad (3.26)$$

将式(3.20)和式(3.21)代入上式,显然有

$$v_\perp = \frac{\mu}{h}(1 + e\cos f) \qquad (3.27)$$

又因为 $v_r = \dot{r}$,对式(3.20)求导,可得

$$\dot{r} = \frac{\mathrm{d}r}{\mathrm{d}t} = \frac{h^2}{\mu}\left[-\frac{e(-\dot{f}\sin f)}{(1 + e\cos f)^2}\right] = \frac{h^2}{\mu}\frac{e\sin f}{(1 + e\cos f)^2}\frac{h}{r^2} \qquad (3.28)$$

利用式(3.24)的结果,将式(3.20)和式(3.21)再次代入,化简后,最终可得

$$v_r = \frac{\mu}{h} e \sin f \qquad\qquad (3.29)$$

定义飞行路径角 γ 为速度矢量 $\boldsymbol{v} = \dot{\boldsymbol{r}}$ 和垂直于位置矢量的法线之间的夹角。此法线与 $\boldsymbol{v}_\perp$ 的方向一致,称之为当地地平,由图 3.1 有

$$\tan \gamma = \frac{v_r}{v_\perp} \qquad\qquad (3.30)$$

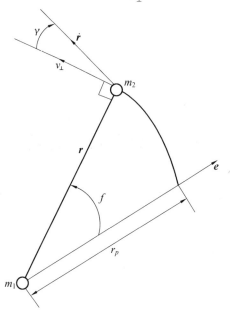

图 3.1　质量为 m_2 的物体在以质量为 m_1 的物体为中心的极坐标系的飞行路径角 γ

将式(3.27)和式(3.29)代入式(3.30),可得

$$\tan \gamma = \frac{e \sin f}{1 + e \cos f} \qquad\qquad (3.31)$$

由于 $\cos(-f) = \cos f$,所以由此轨道方程所描述的轨迹关于拱线对称。连接轨道上任意两点的直线称为弦,通过质心且与拱线相垂直的弦称为通径。由于对称性,质心将通径分为长度均为 p 的两部分,每一部分称为半通径。

由图 3.1 中质量为 m_2 的物体相对于质量为 m_1 的物体的路径处于一个平面内,为简便起见,我们仍从平面的上方来分析研究其轨道。除非有特殊原因,一般情况下可认为偏心率矢量指向右方且 m_1 围绕 m_1 呈逆时针方向运动,即真近点角以逆时针方向为正。这也与通常极坐标中的符号约定相一致。

根据机械能守恒定律,可知轨道上各点处的 ε 为常数,则其在近地点处($f=0$)的数值为

$$\varepsilon = \varepsilon_p = \frac{v_p^2}{2} - \frac{\mu}{r_p} \qquad\qquad (3.32)$$

式中　r_p、v_p——近地点处的位置和速度。因近地点处 $v_r = 0$,$v_p = v_\perp = \dfrac{h}{r_p}$,所以

$$\varepsilon = \frac{1}{2}\frac{h^2}{r_p^2} - \frac{\mu}{r_p} \tag{3.33}$$

同时,因为近地点处真近点角等于 0,所以

$$r_p = \frac{h^2}{\mu}\frac{1}{1+e} \tag{3.34}$$

将式(3.34)代入式(3.33)可得以轨道常数 h 和 e 所表示的单位质量的机械能,即比机械能 ε 为

$$\varepsilon = -\frac{1}{2}\frac{\mu^2}{h^2}(1-e^2) \tag{3.35}$$

显然,轨道能量并不是一个独立于轨道参数的量。质量为 m_1 的物体,其机械能 E 为

$$E = m_1 \varepsilon \tag{3.36}$$

3.2 典型轨道分析

根据 e 取值的不同,我们可以得到 4 种轨道类型,分别是圆轨道、椭圆轨道、抛物线轨道和双曲线轨道。

3.2.1 圆轨道($e = 0$)

在轨道方程 $r = \dfrac{\dfrac{h^2}{\mu}}{1+e\cos f}$ 中,令 $e=0$,可得

$$r = \frac{h^2}{\mu} \tag{3.37}$$

由于 h 和 μ 为常量,也就是说 r 为常量,即 m_2 围绕 m_1 的轨道为圆。由于 $\dot{r}=0$,$v=v_\perp$,因此对于圆轨道,方程 $h=rv_\perp$ 可简写为 $h=rv$。将此式代入式(3.37)解出圆轨道的速度 $v_{\text{圆}}$ 为

$$v_{\text{圆}} = \sqrt{\frac{\mu}{r}} \tag{3.38}$$

完成轨道一周所需要的时间称为周期。由于速度为常量,所以圆轨道的周期很容易求得

$$T_{\text{圆}} = \frac{\text{周长}}{\text{速度}} = \frac{2\pi r}{\sqrt{\dfrac{\mu}{r}}}$$

即

$$T_{\text{圆}} = \frac{2\pi}{\sqrt{\mu}}r^{\frac{3}{2}} \tag{3.39}$$

在式(3.35)中,令 $e=0$,可得圆轨道的比机械能为

$$\varepsilon = -\frac{1}{2}\frac{\mu^2}{h^2} \tag{3.40}$$

结合式(3.37),有

$$\varepsilon_{圆} = -\frac{\mu}{2r} \tag{3.41}$$

显然,圆轨道的能量为负值。当半径变大时,负值减少,即能量增加。换句话说,轨道越高,能量越大。

3.2.2　椭圆轨道($0 < e < 1$)

当 $0 < e < 1$ 时,式(3.20)中的分母将随着 f 的变化而变化,但其始终为正,且不可能为零。因此相对位置矢量仍然保持有界,并在近地点处有最小模值 r_p。当 $f = 180°$ 时,式 $r = \dfrac{\dfrac{h^2}{\mu}}{1 + e\cos f}$ 的分母取最小值时,r 达到最大值。这点称之为远地点,其径向坐标记为 r_a 为

$$r_a = \frac{h^2}{\mu} \frac{1}{1 - e} \tag{3.42}$$

此时,由式(3.20)所定义的曲线为椭圆。

如图 3.2 所示,设 $2a$ 为沿拱线近地点 P 与远地点 A 之间的距离,则

$$2a = r_p + r_a \tag{3.43}$$

将式(3.34)和式(3.42)代入此式,可得

$$a = \frac{h^2}{\mu} \frac{1}{1 - e^2} \tag{3.44}$$

式中　a——椭圆的半长轴。

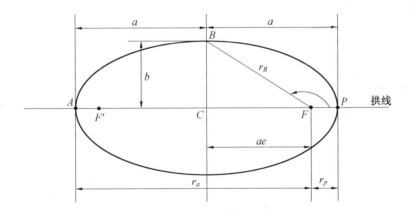

图 3.2　质量 m_1 的物体位于焦点 F 的椭圆轨道

由式(3.44)解出 $\dfrac{h^2}{\mu}$,并将其代入式(3.20),可得轨道方程的另一表达方式为

$$r = a \frac{1 - e^2}{1 + e\cos f} \tag{3.45}$$

在图 3.2 中,质量为 m_1 的物体所在位置记为 F,这也是 r、θ 极坐标系的原点。椭圆的中心 C 位于近地点和远地点之间的中点。C 到 F 的距离 CF 为

$$CF = a - FP = a - r_p \tag{3.46}$$

由式(3.45)可知

$$r_p = a(1 - e) \tag{3.47}$$

因此,$CF = ae$。

设 B 为轨道上位于 C 点上方且位于 AP 的中垂线上。C 点到 B 点的距离 b 为短半轴,若点 B 的真近点角为 β,则由式(3.45)可知,B 点的径向坐标为

$$r_B = a \frac{1 - e^2}{1 + e\cos \beta} \tag{3.48}$$

r_B 在拱线上的投影为 ae,即

$$ae = r_B\cos(180° - \beta) = -r_B\cos \beta = -\left(a \frac{1 - e^2}{1 + e\cos \beta} \right) \cos \beta \tag{3.49}$$

从此式中解出

$$e = -\cos \beta$$

将此式代入式(3.48)可得以下结论:

$$r_B = a$$

由勾股定理得

$$b^2 = r_B^2 - (ae)^2 = a^2 - (ae)^2$$

即椭圆短半轴可以用长半轴和偏心率表示出来,即

$$b = a\sqrt{1 - e^2} \tag{3.51}$$

根据式(3.44)有

$$h^2 = \mu a(1 - e^2)$$

将其代入式(3.35),最终得

$$\varepsilon = -\frac{\mu}{2a} \tag{3.52}$$

这表明椭圆的比机械能仅与长半轴有关,而与偏心率无关。因此,对于椭圆轨道,机械能守恒定律可写为

$$\frac{v^2}{2} - \frac{\mu}{r} = -\frac{\mu}{2a} \tag{3.53}$$

椭圆的面积与其长半轴和短半轴的关系为 $A = \pi ab$(当 $a = b$ 时,即为圆面积公式)。

要求出椭圆轨道周期 T,我们需运用开普勒第二定律:$\frac{dA}{dt} = \frac{h}{2}$,由此可得

$$\Delta A = \frac{h}{2}\Delta t$$

对于一次完整的周期,$\Delta A = \pi ab$,$\Delta t = T$。因此,$\pi ab = \frac{h}{2}T$,即 $T = \frac{2\pi ab}{h}$。

将式(3.44)和式(3.51)代入,可得

$$T = \frac{2\pi}{h}a^2 \sqrt{1 - e^2} = \frac{2\pi}{h}\left(\frac{h^2}{\mu} \frac{1}{1 - e^2} \right)^2 \sqrt{1 - e^2}$$

利用轨道参数 h 和 e 来表示的椭圆轨道的周期为

$$T = \frac{2\pi}{\mu^2} \left(\frac{h}{\sqrt{1-e^2}} \right)^3 \tag{3.54}$$

再次利用式(3.44)得到

$$h = \sqrt{\mu a (1-e^2)}$$

将其代入式(3.54),可得椭圆轨道周期的另一种表达式:

$$T = \frac{2\pi}{\sqrt{\mu}} a^{\frac{3}{2}} \tag{3.55}$$

式(3.55)与半径为 a 的圆轨道表达式一致,由此表明:与机械能类似,椭圆轨道的周期与偏心率也无关。式(3.55)亦体现了开普勒第三定律:行星的周期与其长半轴的3/2 次方成正比。

最后,将式(3.34)除以式(3.42),可得

$$\frac{r_p}{r_a} = \frac{1-e}{1+e}$$

从此式中解出 e,便得到常用来计算椭圆轨道的偏心率方程:

$$e = \frac{r_a - r_p}{r_a + r_p} \tag{3.56}$$

由图 3.2 不难看出,两焦点间的距离为 $r_a - r_p = \overline{F'F}$。如前所述,$r_a + r_p = 2a$。因此,式(3.56)的几何意义是:偏心率等于两焦点间的距离／主轴的长度。

而在质量为 m_2 的物体相对于质量为 m_1 的物体运动的整个轨道过程中,两者间的平均距离是多少呢? 要回答这一问题,就要将真近点角(2π)分成 n 等份,每一份为 Δf,即

$$n = \frac{2\pi}{\Delta f}$$

然后,结合方程(3.20)来计算这 n 个真近点角的 $r(f)$。从近地点开始,有

$$f_1 = 0, \quad f_2 = \Delta f, \quad f_3 = 2\Delta f, \quad \cdots, \quad f_n = (n-1)\Delta f$$

这 n 个 r 的平均值为

$$\bar{r}_f = \frac{1}{n} \sum_{i=1}^{n} r(f_i) = \frac{\Delta f}{2\pi} \sum_{i=1}^{n} r(f_i) = \frac{1}{2\pi} \sum_{i=1}^{n} r(f_i) \Delta f \tag{3.57}$$

设 n 非常大,则 Δf 将非常小。取极限 $n \to \infty$,则式(3.57)可写为

$$\bar{r}_f = \frac{1}{2\pi} \int_0^{2\pi} r(f) \, \mathrm{d}f \tag{3.58}$$

将式(3.45)代入被积函数中,可得

$$\bar{r}_f = \frac{1}{2\pi} a(1-e^2) \int_0^{2\pi} \frac{\mathrm{d}f}{1 + e\cos f}$$

此方程中的积分可由积分表查得,进而可以得出

$$\bar{r}_f = \frac{1}{2\pi} a(1-e^2) \left(\frac{2\pi}{\sqrt{1-e^2}} \right) = a\sqrt{1-e^2} \tag{3.59}$$

将此结果与式(3.51)相比,可以发现:真近点角等分法所得到的平均轨道半径即为椭圆短半轴 b 的长度。而作为离两个焦点距离最大和最小两者平均值的长半轴并不是轨

道半径的平均距离。由式（3.45）知 $r_p = a(1-e)$ 和 $r_a = a(1+e)$，因此式（3.59）也表明

$$\bar{r}_f = \sqrt{r_p r_a} \tag{3.60}$$

即轨道平均距离为距焦点的最大值和最小值两者乘积的平方根，而不是两者和的一半。

3.2.3 抛物线轨道（$e = 1$）

若偏心率为 1，则轨道方程式（1.25）变为

$$r = \frac{h^2}{\mu} \frac{1}{1 + \cos f} \tag{3.61}$$

随着真近点角 f 趋近于 $180°$，分母趋向于 0，所以 r 趋向于无穷，根据式（3.35），对于 $e = 1$ 的轨道，其能量为 0，所以抛物线的机械能守恒定律为

$$\frac{v^2}{2} - \frac{\mu}{r} = 0$$

进而可以得到抛物线上任意点处的速度为

$$v = \sqrt{\frac{2\mu}{r}} \tag{3.62}$$

若质量为 m_2 的物体相对于质量为 m_1 的物体以抛物线轨道发射，则它将飞向无穷远处且相对于 m_1 的速度趋于 0，即不会再返回。因此，抛物线轨道又称为逃逸轨道。在与质量 m_1 的物体相距 r 处，由式（3.62）可得其逃逸速度为

$$v_{逃逸} = \sqrt{\frac{2\mu}{r}} \tag{3.63}$$

如果 v_0 是在半径为 r 的圆轨道上运行的卫星速度，则由式（3.38）和式（3.63）可得

$$v_{逃逸} = \sqrt{2}\, v_0 \tag{3.64}$$

也就是说，要从一圆轨道上逃逸，需要比圆轨道速度大 41.4%。但此结论成立的前提是，我们假设宇宙中只有质量为 m_1 和质量为 m_2 两个物体。实际上以相对于地球的逃逸速度 $v_{逃逸}$ 从地表发射的卫星并不会飞向无穷远处（即并不会脱离太阳系），因为在太阳引力的作用下，它最终将停留在和地球相同的轨道上。

对于抛物线，飞行路径角可写为如下形式：

$$\tan \gamma = \frac{\sin f}{1 + \cos f}$$

利用三角函数性质：

$$\sin f = 2\sin \frac{f}{2} \cos \frac{f}{2}$$

$$\cos f = \cos^2(f/2) - \sin^2(f/2) = 2\cos^2(f/2) - 1$$

可以得出

$$\tan \gamma = \frac{2\sin(f/2)\cos(f/2)}{2\cos^2(f/2)} = \frac{\sin(f/2)}{\cos(f/2)} = \tan(f/2)$$

即

$$\gamma = \frac{f}{2} \tag{3.65}$$

也就是说,抛物线轨道上的飞行路径角为真近点角的一半,如图 3.3 所示。

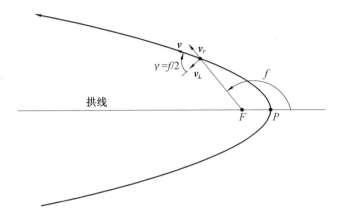

图 3.3　绕焦点 F 的抛物线轨道

3.2.4　双曲线轨道($e > 1$)

若 $e > 1$,则轨道方程为

$$r = \frac{h^2}{\mu} \frac{1}{1 + e\cos f} \tag{3.66}$$

描述如图 3.4 所示的曲线,其由两个对称的曲线组成。其中一个为真实的天体运行轨道,而另一个则是理论上的映像,实际上并不存在。显然,当 $\cos f = -\dfrac{1}{e}$ 时,式(3.66)的分母为零。将此时的真近点角记为

$$f_\infty = \arccos\left(-\frac{1}{e}\right) \tag{3.67}$$

当真近点角趋向于 f_∞ 时,径向距离将趋向于无穷。因此,f_∞ 称之为渐近线的真近点角。注意到 f_∞ 位于 $90°\sim180°$,由三角函数性质可知

$$\sin f_\infty = \frac{\sqrt{e^2 - 1}}{e} \tag{3.68}$$

当 $-f_\infty < f < f_\infty$ 时,实际的运行轨道如图 3.4 中所示的左边双曲线分支,当 $f_\infty < f < 360° - f_\infty$ 时,双曲线分支 Ⅱ 亦给出了纯虚焦点 F' 的虚拟运行轨道(此虚拟轨道在实际中是不可能存在的,因为其需要一个斥力)。近地点 P 位于真实双曲线分支 Ⅰ 的拱线上,而远地点 A 则位于虚拟轨道双曲线分支 Ⅱ 上。两点间距离的中点为双曲线的中点 C。双曲线的渐近线是描述曲线本身趋向于无穷时的直线。两渐近线相交于点 C,与拱线所夹的锐角为 β,且 $\beta = (180 - f_\infty)°$。因此 $\cos\beta = -\cos f_\infty$,即

$$\beta = \arccos\left(\frac{1}{e}\right) \tag{3.69}$$

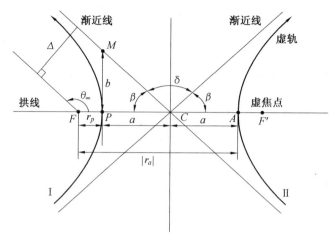

图 3.4　双曲线轨道

两渐近线之间的夹角 δ 称为转向角,即通过该角时,轨道运动体相对焦点 F 处的中心引力体速度矢量发生转向,向另一方向趋于无穷。从图中可以看出:$\delta = (180 - 2\beta)^{\circ}$,所以

$$\sin\frac{\delta}{2} = \sin\left(\frac{180^{\circ} - 2\beta}{2}\right) = \sin(90^{\circ} - \beta) = \cos\beta = \frac{1}{e}$$

或

$$\delta = 2\arcsin\left(\frac{1}{e}\right) \tag{3.70}$$

从焦点 F 到近地点的距离 r_p 可由式(3.34)求得

$$r_p = \frac{h^2}{\mu}\frac{1}{1+e} \tag{3.71}$$

类似椭圆的情形,远地点的径向坐标 r_a,通过令式(3.66)中的 $f = 180^{\circ}$ 来获得:

$$r_a = \frac{h^2}{\mu}\frac{1}{1-e} \tag{3.72}$$

因为对于双曲线 $e > 1$,r_a 为负值,即远地点位于焦点 F 的右边。从图 3.4 中可以看出近地点 P 与远地点 A 之间的距离为 $2a$,其中

$$2a = |r_a| - r_p = -r_a - r_p$$

将式(3.71)和式(3.72)代入其中,可得

$$2a = -\frac{h^2}{\mu}\left(\frac{1}{1-e} + \frac{1}{1+e}\right)$$

从此式中可以得出与椭圆轨道形式相一致的长半轴 a 的表达式:

$$a = \frac{h^2}{\mu}\frac{1}{e^2 - 1} \tag{3.73}$$

因此,对于双曲线,式(3.66)可写为

$$r = a\frac{e^2 - 1}{1 + e\cos f} \tag{3.74}$$

此方程与椭圆轨道方程相类似,且由式(3.74)可得

$$r_p = a(e - 1) \tag{3.75}$$

$$r_a = -a(e + 1) \tag{3.76}$$

过近地点作拱线的垂线,与渐近线交于点 M,两点间的距离为 b,即为双曲线的短半轴。由图 3.4 可知,短半轴 $\overline{PM}$ 的长度 b 为

$$b = a\tan\beta = a\frac{\sin\beta}{\cos\beta} = a\frac{\sin(180° - f_\infty)}{\cos(180° - f_\infty)} = a\frac{\sin f_\infty}{-\cos f_\infty} = a\frac{\dfrac{\sqrt{e^2 - 1}}{e}}{-\left(-\dfrac{1}{e}\right)}$$

所以,对于双曲线而言

$$b = a\sqrt{e^2 - 1} \tag{3.77}$$

渐近线与过焦点的平行线之间的距离 Δ 称为准径,如图 3.4 所示。从图中可以看出

$$\Delta = (r_p + a)\sin\beta$$

$$= ae\sin\beta \qquad （根据式（3.75））$$

$$= ae\frac{\sqrt{e^2 - 1}}{e} \qquad （根据式（3.69））$$

$$= ae\sin f_\infty \qquad （根据式（3.68））$$

$$= ae\sqrt{1 - \cos^2 f_\infty} \qquad （根据三角函数性质）$$

$$= ae\sqrt{1 - \frac{1}{e^2}} \qquad （根据式（3.67））$$

或

$$\Delta = a\sqrt{e^2 - 1} \tag{3.78}$$

将此式与式（3.77）相比,可见双曲线的准径与短半轴相等。

3.3　轨道机动

轨道机动是航天器从一个轨道转移到另一个轨道上,变轨可以是较大的轨道变换,如从一个较低的停泊轨道转移到行星轨道,也可以是非常小的调整,比如在交会对接最后阶段的调整,本节主要介绍脉冲机动。

3.3.1　脉冲机动

脉冲机动是通过在轨火箭发动机点火来瞬时改变速度矢量的大小和方向。在脉冲机动时,可以认为航天器的位置固定不变,只有速度发生变化。脉冲机动是一个理想条件,其适合点火机动时航天器的位置仅发生微小变化的情况。

讨论单脉冲机动,假设其可以使航天器的速度改变 Δv,则速度大小 Δv 与燃料质量消耗 Δm 之间的关系为

$$\frac{\Delta m}{m} = 1 - e^{-\frac{\Delta v}{I_{sp}g_0}} \tag{3.79}$$

式中　　m—— 火箭燃烧前的质量；

　　　　g_0—— 标准的海平面引力加速度；

　　　　I_{sp}—— 燃料的比冲，比冲定义为

$$I_{sp} = \frac{推力}{所耗燃料在海平面引力加速度下的质量}$$

表 3.1 给出了一些常用燃料的 I_{sp}，在太空中没有燃料补给站，所以太空任务中的速度增量 Δv 需要仔细规划，开发高比冲燃料，使得在轨载荷中的燃料质量所占比例尽量小。

表 3.1　典型燃料比冲

燃料	I_{sp}/s
冷气	50
单肼	230
固体燃料	290
硝酸／甲基肼	310
液氧／液氢	455

3.3.2　霍曼转移

在两个共面且有一个公共焦点的圆轨道间的轨道转移中，霍曼转移是能量最省的双脉冲机动。如图 3.5 所示，霍曼转移是一个与两圆在拱线上均相切的椭圆轨道。转移椭圆轨道的近地点和远地点径向长度分别为内圆和外圆的半径，一次机动只需要飞行半个椭圆。转移既可以从内圆转到外圆，也可以从外圆转到内圆。

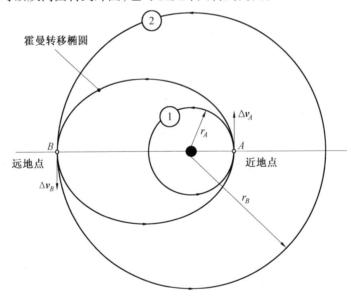

图 3.5　霍曼转移

在分析轨道转移的策略中，可以利用的轨道能量仅取决于长半轴这一事实。对于椭圆来说，其比机械能为负值，即

$$\varepsilon = -\frac{\mu}{2a}$$

要增加能量,需减少$|\varepsilon|$。因此,长半轴越长,轨道的能量越高。在图 3.5 中,当轨道从内圆转移到外圆时,其能量增加。

由内圆的 A 点为起点,要使得航天器上升进入更高能量的椭圆轨道,需要在其飞行方向上给予一定的速度增量 Δv_A。在由 A 飞行至 B 后,另一向前的速度增量 Δv_B 使得航天器转移至更高能量的外圆。如果没有后面的速度增量,则航天器将沿着霍曼转移椭圆轨道返回 A 点。总的能量消耗可以用总的速度增量来表示,即 $\Delta v_{总} = \Delta v_A + \Delta v_B$。

若转移以外圆的 B 为起点,则所需要的总速度增量与此前的相同。因为是转移到低能量轨道的内圆,所以需要降低航天器的轨道能量,即 Δv 需要与飞行方向相反,以便产生制动作用。Δv 就可以表示燃料的消耗,没有必要关心其方向。

3.3.3　双椭圆霍曼转移

图 3.6 中虚线表示的是轨道 1 至轨道 4 的一次经典霍曼转移,其与传统的霍曼转移不同,双椭圆霍曼转移为两个共轴的椭圆 2 和椭圆 3 均延伸至目标轨道外部。两椭圆中的每一个均与圆轨道中的一个相切,且两椭圆轨道也相切于共同的远地点 B。基本的设想是将 B 点置于距离焦点充分远处,以使得 Δv_B 趋向于 0。若双椭圆转移比通常的霍曼转移更省能量,则必有

$$(\Delta v_{总})_{双椭圆} < (\Delta v_{总})_{霍曼} \tag{3.80}$$

分析双椭圆与霍曼转移的速度增量,可以得到如下结果:

$$\Delta v_{霍曼} = \left[\frac{1}{\sqrt{\alpha}} - \frac{\sqrt{2}(1-\alpha)}{\sqrt{\alpha(1+\alpha)}} - 1\right]\sqrt{\frac{\mu}{r_A}}$$

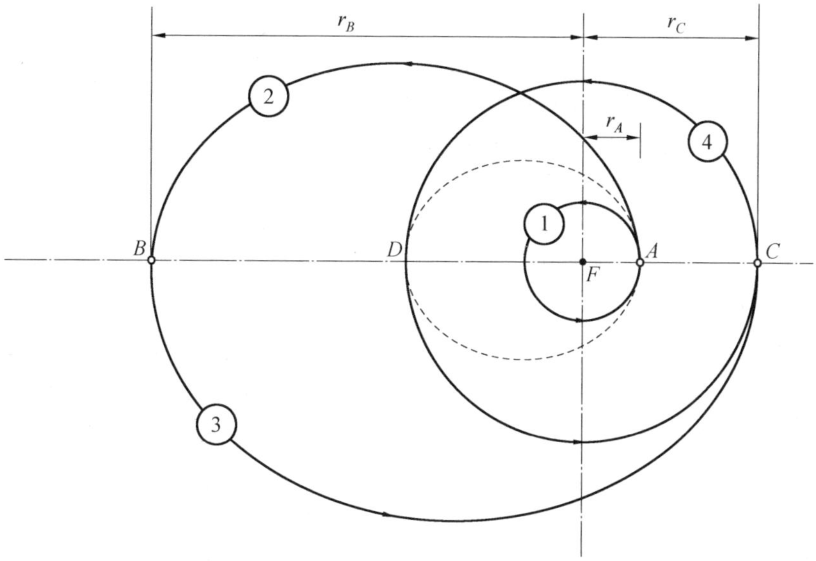

图 3.6　由轨道 1 至轨道 4 的双椭圆转移轨道

$$\Delta v_{双椭圆} = \left[\sqrt{\frac{2(\alpha + \beta)}{\alpha\beta}} - \frac{1 + \sqrt{\alpha}}{\sqrt{\alpha}} - \sqrt{\frac{2}{\beta(1 + \beta)}}(1 - \beta) \right] \sqrt{\frac{\mu}{r_A}} \qquad (3.81)$$

其中 $\alpha = \dfrac{r_C}{r_A}, \beta = \dfrac{r_B}{r_A}$。

图 3.7 为双椭圆转移轨道与霍曼转移轨道效率关系图,由图可知,若外圆目标轨道的半径 r_C 与内圆半径 r_A 之比小于 11.9,则通常的霍曼转移更省能量。若两者的比值超过 15,则双椭圆转移更具优势。在两比值之间,较大的远地点半径 r_B 有利于双椭圆轨道转移,而较小的半径则有利于霍曼转移。不过,与单独霍曼转移的半椭圆轨道飞行时间相比,双椭圆轨道能耗低的优点被更长的飞行时间所抵消。

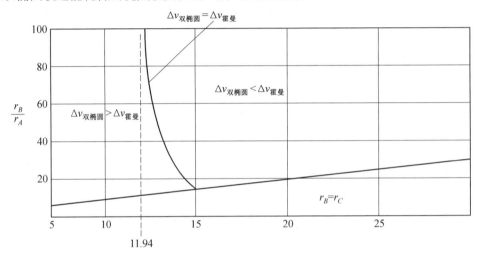

图 3.7　双椭圆转移轨道与霍曼转移轨道效率关系图

3.3.4　调相机动

调相机动是一种双脉冲霍曼转移,但其在同一轨道上完成机动,如图 3.8 所示。此时的霍曼转移椭圆轨道是某一周期选定的调相轨道,可使得航天器能够在规定的时刻内返回原来的主轨道。调相机动常用来变换航天器在轨道上的位置,如果要使得处在同一轨道上不同位置的两个航天器交会,则需要对其中一个进行调相机动以追上另一个。地球同步轨道上的通信和气象卫星常利用调相机动在赤道上空移动到新的位置,此时的交会点仅为空中的一个点,而不是一个实际的目标。

图 3.8 中,调相轨道 1 是以小于一个主轨道周期的时间返回点 P,当目标位置领先于追击者位置时,此轨道是适用的。值得注意的是,在 P 点处进入轨道 1 时需要相应的制动点火,也就是说为了相对于主轨道加速,有必要先把航天器的速度降下来。若追击者领先于目标,则此时采用周期较长的轨道 2。为了将速度增大,需要先脉冲向前点火,以使得航天器加速。

一旦知道了调相轨道的周期 T,则根据式(3.55)可以确定调相椭圆轨道的长半轴为

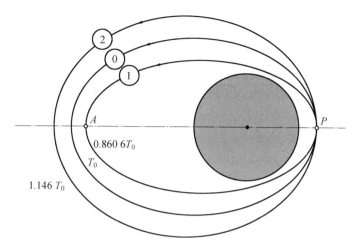

图 3.8　主轨道 0 和两个调相轨道

1— 快;2— 慢;T_0— 主轨道周期

$$a = \left(\frac{T\sqrt{\mu}}{2\pi} \right)^{\frac{2}{3}} \tag{3.82}$$

有了此长半轴,则由 $2a = r_p + r_a$ 即可得知 A 点相对于 P 点的半径。很明显,不管 P 点为近地点还是远地点,式(3.55) 都可以用来计算出调相椭圆轨道的偏心率,角动量也因此可以由 A 点处或者 P 点处的轨道方程求出。至此,也就确定了调相轨道的特征。

3.3.5　共拱线非霍曼转移

图 3.9 给出了两个共拱线椭圆轨道的非霍曼转移,这里转移轨道的拱线与原拱线相同,但不一定与初始轨道或者目标轨道相切。需要确定是否存在连接 A 与 B 两点的轨道,如果存在,则计算出所需要的总的速度增量。

r_A 和 r_B 以及真近点角 f_A 和 f_B 均已知,由于前提为共拱线,所以 f_A 和 f_B 也是转移轨道上点 A 和点 B 处的真近点角。在轨道 3 上的 A 点和 B 点处运用轨道方程,可以得到

$$r_A = \frac{h_3^2}{\mu} \frac{1}{1 + e_3 \cos f_A}$$

$$r_B = \frac{h_3^2}{\mu} \frac{1}{1 + e_3 \cos f_B}$$

因此可以解出 e_3 和 h_3:

$$e_3 = \frac{r_B - r_A}{r_A \cos f_A - r_B \cos f_B}$$

$$h_3 = \sqrt{\mu r_A r_B} \sqrt{\frac{\cos f_A - \cos f_B}{r_A \cos f_A - r_B \cos f_B}} \tag{3.83}$$

有了这些量,则转移轨道可确定,且可以计算出任意真近点角处的速度。对于霍曼转移,$f_A = 0, f_B = \pi$。此时式(3.83) 可以写为

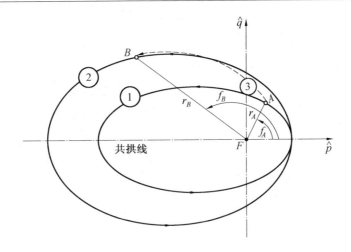

图 3.9　两个共拱线椭圆轨道的非霍曼转移

$$e_3 = \frac{r_B - r_A}{r_A + r_B}$$

$$h_3 = \sqrt{2\mu}\sqrt{\frac{r_A r_B}{r_A + r_B}} \qquad (3.84)$$

当计算速度增量的点并不位于拱线上时,不仅要考虑速度矢量的大小,还要考虑其方向的变化。图 3.10 给出了一点,在此点上脉冲机动将轨道 1 上速度矢量 v_1 变换为轨道 2 上的速度矢量 v_2。两矢量长度的差异表明了速率的变化,而飞行路径角的差异则表明了方向的变化。

值得一提的是,书中所用的 Δv 是指速度矢量变化的模,而不是速度模的变化。

也就是说

$$\Delta v = |\ v_2 - v_1\ | \qquad (3.85)$$

只有当 v_1 和 v_2 平行时,即霍曼转移时,才有

$$\Delta v = |\ v_2\ | - |\ v_1\ |$$

根据图 3.10 和余弦定理,有

$$\Delta v = \sqrt{v_1^2 + v_2^2 - 2v_1 v_2 \cos \Delta\gamma} \qquad (3.86)$$

其中,$v_1 = |\ v_1\ |$,$v_2 = |\ v_2\ |$,$\Delta\gamma = \gamma_2 - \gamma_1$。

Δv 的方向表明了产生脉冲的推进器所需要调整的方向。用 Δv_r 和 $\Delta v_\perp$ 代替式(3.30)中的 v_r 和 $v_\perp$,可以得到 Δv 相对于当地地平线的方向,即

$$\tan \psi = \frac{\Delta v_r}{\Delta v_\perp} \qquad (3.87)$$

式中　ψ—— 当地地平线至 Δv 的夹角。

轨道的比机械能 ε 为

$$\varepsilon = \frac{v \cdot v}{2} - \frac{\mu}{r}$$

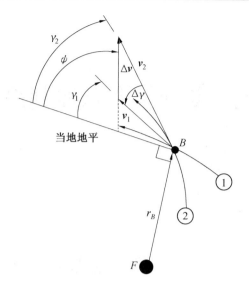

图 3.10 两轨道相交处的飞行路径角及速度变化的矢量图

单脉冲机动会使得轨道发生变化,因此也会使得比机械能 ε 产生变化。若与航天器初始质量 m_1 相比,燃料消耗的质量 Δm 可以忽略不计,则 $\Delta\varepsilon = \varepsilon_2 - \varepsilon_1$。对于图 3.10 的情形

$$\varepsilon_1 = \frac{v_1^2}{2} - \frac{\mu}{r_B}$$

且

$$\varepsilon_2 = \frac{(v_1 + \Delta v)\cdot(v_1 + \Delta v)}{2} - \frac{\mu}{r_B} = \frac{v_1^2 + 2v_1\cdot\Delta v + \Delta v^2}{2} - \frac{\mu}{r_B}$$

因此

$$\Delta\varepsilon = v_1\cdot\Delta v + \frac{\Delta v^2}{2}$$

显然,由图 3.10 可知

$$v_1\cdot\Delta v = v_1\Delta v\cos\Delta\gamma$$

所以

$$\Delta\varepsilon = v_1\Delta v\cos\Delta\gamma + \frac{\Delta v^2}{2} = v_1\Delta v\left(\cos\Delta\gamma + \frac{1}{2}\frac{\Delta v}{v_1}\right)$$

为了满足假设条件 $\Delta m \ll m_1$,需要 $\Delta v \ll v_1$,因此

$$\Delta\varepsilon \approx v_1\Delta v\cos\Delta\gamma \qquad (3.88)$$

式(3.88)表明,对于给定的 Δv,比机械能变化越大,航天器的移动速度越快,与给定 Δv 相关的 $\Delta\varepsilon$ 越大,则轨道机动效率越高。

第4章　空间飞行器姿态控制系统数学描述

在研究航天器姿态控制系统的设计中,一般将航天器视为刚体,从而可以获取航天器运行状态的动力学模型,并为其精确模型的建立奠定基础。本章首先对刚体动力学的若干重要结论进行概述;然后介绍最基本的姿态控制方法,即自旋稳定和双自旋稳定;最后,给出基于四元数的航天器姿态表示方法。

4.1　刚体动力学

4.1.1　刚体相对于质心的动量矩

如图4.1所示,设刚体 B 内任一质点 M_i 的质量为 m_i,相对于质心 O 的矢径为 r_i,刚体 B 相对于质心 O 的角速度为 $\boldsymbol{\omega}$,M_i 相对于质心 O 的速度 v_i 为

$$v_i = \boldsymbol{\omega} \times r_i \tag{4.1}$$

刚体相对于质心 O 的动量矩 $\boldsymbol{h}$ 为

$$\boldsymbol{h} = \sum m_i(r_i \times v_i) = \sum m_i[r_i \times (\boldsymbol{\omega} \times r_i)] \tag{4.2}$$

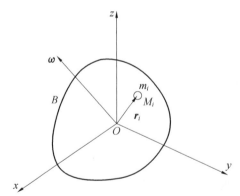

图4.1　刚体相对质心动量矩

假设刚体为连续质量,对式(4.2)进行积分,有

$$\boldsymbol{h} = \int_m [r \times (\boldsymbol{\omega} \times r)] \mathrm{d}m \tag{4.3}$$

根据 BAC – CAB 法则,有

$$\boldsymbol{h} = \int_m [(r \cdot r)\boldsymbol{\omega} - (\boldsymbol{\omega} \cdot r)r] \mathrm{d}m \tag{4.4}$$

在本体坐标系中,令

$$\boldsymbol{r} = \begin{bmatrix} x & y & z \end{bmatrix}^{\mathrm{T}}$$
$$\boldsymbol{\omega} = \begin{bmatrix} \omega_x & \omega_y & \omega_z \end{bmatrix}^{\mathrm{T}}$$

则式(4.4)可以表示为

$$\boldsymbol{h} = \int_m (\boldsymbol{r}^{\mathrm{T}} \boldsymbol{r} \boldsymbol{E} - \boldsymbol{r} \boldsymbol{r}^{\mathrm{T}}) \boldsymbol{\omega} \mathrm{d}m = \boldsymbol{I} \boldsymbol{\omega} \tag{4.5}$$

式中　$\boldsymbol{I}$——刚体对质心 O 的惯量张量,且有

$$\boldsymbol{I} = \int_m (\boldsymbol{r}^{\mathrm{T}} \boldsymbol{r} \boldsymbol{E} - \boldsymbol{r} \boldsymbol{r}^{\mathrm{T}}) \mathrm{d}m$$

$$= \begin{bmatrix} \int_m (y^2 + z^2) \mathrm{d}m & -\int_m xy \mathrm{d}m & -\int_m xz \mathrm{d}m \\ -\int_m xy \mathrm{d}m & \int_m (x^2 + z^2) \mathrm{d}m & -\int_m yz \mathrm{d}m \\ -\int_m xz \mathrm{d}m & -\int_m yz \mathrm{d}m & \int_m (x^2 + y^2) \mathrm{d}m \end{bmatrix}$$

$$= \begin{bmatrix} I_x & -I_{xy} & -I_{xz} \\ -I_{xy} & I_y & -I_{yz} \\ -I_{xz} & -I_{yz} & I_z \end{bmatrix} \tag{4.6}$$

将式(4.6)代入式(4.5),可得 $\boldsymbol{h}$ 在本体坐标系下 x、y、z 方向的分量分别为

$$\begin{aligned} h_x &= I_x \omega_x - I_{xy} \omega_y - I_{xz} \omega_z \\ h_y &= -I_{xy} \omega_x + I_y \omega_y - I_{yz} \omega_z \\ h_z &= -I_{xz} \omega_x - I_{yz} \omega_z + I_z \omega_z \end{aligned} \tag{4.7}$$

若刚体对 O 点的三个惯量主轴与本体坐标系的三个坐标轴一一对应,则有

$$I_{xy} = I_{yz} = I_{xz} = 0$$

从而惯量张量 $\boldsymbol{I}$ 和动量矩 $\boldsymbol{h}$ 可以分别表示为

$$\boldsymbol{I} = \begin{bmatrix} I_x & 0 & 0 \\ 0 & I_y & 0 \\ 0 & 0 & I_z \end{bmatrix} \tag{4.8}$$

$$\boldsymbol{h} = \begin{bmatrix} h_x \\ h_y \\ h_z \end{bmatrix} = \begin{bmatrix} I_x \omega_x \\ I_y \omega_y \\ I_z \omega_z \end{bmatrix} \tag{4.9}$$

式中　I_x、I_y、I_z——刚体对 x、y、z 轴的主惯量。

由于任一刚体对任一点 O 总存在 3 个互相垂直的惯量主轴,因此刚体对点 O 的动量矩可以恒表示为式(4.9)的形式。

4.1.2 刚体的动能

如图4.2所示,令 $Oxyz$ 为本体坐标系, $O'xyz$ 为惯性坐标系,质心 O' 对质心 O 的矢径为 $\boldsymbol{R}_0$,速度为 $\boldsymbol{v}_0$,刚体内任一质量元 $\mathrm{d}m$ 相对于质心 O 的矢径为 $\boldsymbol{r}$,刚体角速度为 $\boldsymbol{\omega}$,则质量元 $\mathrm{d}m$ 的速度 $\boldsymbol{v}$ 为

$$\boldsymbol{v} = \boldsymbol{v}_0 + \boldsymbol{\omega} \times \boldsymbol{r} \tag{4.10}$$

刚体的动能为

$$\begin{aligned} T &= \frac{1}{2}\int_m \boldsymbol{v} \cdot \boldsymbol{v}\,\mathrm{d}m \\ &= \frac{1}{2}\int_m (\boldsymbol{v}_0 + \boldsymbol{\omega} \times \boldsymbol{r})(\boldsymbol{v}_0 + \boldsymbol{\omega} \times \boldsymbol{r})\,\mathrm{d}m \\ &= \frac{1}{2}m\boldsymbol{v}_0^2 + \frac{1}{2}\int_m (\boldsymbol{\omega} \times \boldsymbol{r})(\boldsymbol{\omega} \times \boldsymbol{r})\,\mathrm{d}m + \int_m \boldsymbol{v}_0 \cdot (\boldsymbol{\omega} \times \boldsymbol{r})\,\mathrm{d}m \end{aligned}$$

式中

$$\int_m \boldsymbol{v}_0 \cdot (\boldsymbol{\omega} \times \boldsymbol{r}) = \boldsymbol{v}_0 \cdot \left(\boldsymbol{\omega} \times \int_m \boldsymbol{r}\,\mathrm{d}m\right) = 0$$

因此可以得到动能表达式为

$$\begin{aligned} T &= \frac{1}{2}m\boldsymbol{v}_0^2 + \frac{1}{2}\int_m (\boldsymbol{\omega} \times \boldsymbol{r}) \cdot (\boldsymbol{\omega} \times \boldsymbol{r})\,\mathrm{d}m \\ &= T_{\mathrm{T}} + T_{\mathrm{r}} \end{aligned} \tag{4.11}$$

式中　　T_{T}——刚体随质心平动动能, $T_{\mathrm{T}} = \frac{1}{2}m\boldsymbol{v}_0^2$;

T_{r}——刚体绕质心转动动能, $T_{\mathrm{r}} = \frac{1}{2}\int_m (\boldsymbol{\omega} \times \boldsymbol{r}) \cdot (\boldsymbol{\omega} \times \boldsymbol{r})\,\mathrm{d}m$ 。

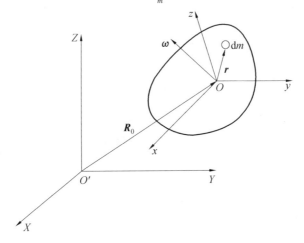

图4.2　刚体动能

考虑到

$$(\boldsymbol{\omega} \times \boldsymbol{r}) \cdot (\boldsymbol{\omega} \times \boldsymbol{r}) = \boldsymbol{\omega} \cdot [\boldsymbol{r} \times (\boldsymbol{\omega} \times \boldsymbol{r})]$$

T_r 又可以表示为

$$
\begin{aligned}
T_r &= \frac{1}{2} \int_m (\boldsymbol{\omega} \times \boldsymbol{r}) \cdot (\boldsymbol{\omega} \times \boldsymbol{r}) \, \mathrm{d}m \\
&= \frac{1}{2} \boldsymbol{\omega} \cdot \left[\int_m \boldsymbol{r} \times (\boldsymbol{\omega} \times \boldsymbol{r}) \, \mathrm{d}m \right] \\
&= \frac{1}{2} \boldsymbol{\omega} \cdot \boldsymbol{h}
\end{aligned}
$$

表示成矩阵形式为

$$
\begin{aligned}
T_r &= \frac{1}{2} \boldsymbol{\omega}^{\mathrm{T}} \boldsymbol{h} \\
&= \frac{1}{2} \boldsymbol{\omega}^{\mathrm{T}} \boldsymbol{I} \boldsymbol{\omega} \\
&= \frac{1}{2} (I_x \omega_x^2 + I_y \omega_y^2 + I_z \omega_z^2 + 2I_{xy} \omega_x \omega_y + 2I_{yz} \omega_y \omega_z + 2I_{xz} \omega_x \omega_z)
\end{aligned}
\tag{4.12}
$$

当 x、y、z 为惯量主轴时,有

$$T_r = \frac{1}{2} (I_x \omega_x^2 + I_y \omega_y^2 + I_z \omega_z^2) \tag{4.13}$$

4.1.3　欧拉动力学方程

根据质点系相对于质心的动量矩定理可知

$$\frac{\mathrm{d}\boldsymbol{h}}{\mathrm{d}t} = \boldsymbol{L} \tag{4.14}$$

式中　$\boldsymbol{L}$—— 作用于质点系的外力系对质心系的主矩。

若以本体坐标系为计算坐标系,根据矢量相对导数公式,有

$$\frac{\tilde{\mathrm{d}}\boldsymbol{h}}{\mathrm{d}t} + \boldsymbol{\omega} \times \boldsymbol{h} = \boldsymbol{L} \tag{4.15}$$

写成分量形式为

$$
\begin{aligned}
\dot{\boldsymbol{h}}_x + \omega_y h_z - \omega_z h_y &= L_x \\
\dot{\boldsymbol{h}}_y + \omega_z h_x - \omega_x h_z &= L_y \\
\dot{\boldsymbol{h}}_z + \omega_x h_y - \omega_y h_x &= L_z
\end{aligned}
\tag{4.16}
$$

设三体轴均为惯量主轴,则式(4.16)可以表示为

$$
\begin{aligned}
I_x \dot{\omega}_x + (I_z - I_y) \omega_y \omega_z &= L_x \\
I_y \dot{\omega}_y + (I_x - I_z) \omega_x \omega_z &= L_y \\
I_z \dot{\omega}_x + (I_y - I_x) \omega_x \omega_y &= L_z
\end{aligned}
\tag{4.17}
$$

式(4.17)即为常用的欧拉动力学方程。

4.1.4　欧拉运动学方程

在式(4.17)中，L_x、L_y、L_z 是刚体角位置和角速度的函数，因此为了求解该方程，还需要补充角位置和角速度之间的几何关系式。

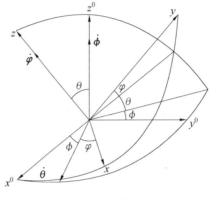

图 4.3　欧拉角

如图 4.3 所示的欧拉角，按 313 的顺序旋转得到进动角 ϕ、章动角 θ 和自转角 φ，则角速度 $\boldsymbol{\omega}$ 可以表示为

$$\boldsymbol{\omega} = \dot{\boldsymbol{\phi}} + \dot{\boldsymbol{\theta}} + \dot{\boldsymbol{\varphi}} \tag{4.18}$$

表示成分量形式为

$$\begin{cases} \omega_x = \dot{\theta}\cos\varphi + \dot{\phi}\sin\theta\sin\varphi \\ \omega_y = -\dot{\theta}\sin\varphi + \dot{\phi}\sin\theta\cos\varphi \\ \omega_z = \dot{\varphi} + \dot{\phi}\cos\theta \end{cases} \tag{4.19}$$

式(4.19)为按 313 顺序定义的欧拉角表示的角速度与欧拉角之间的关系，即欧拉运动学方程。

4.1.5　航天器动力学方程

由于自由刚体的运动可以分解为随同质心平动和绕质心转动的两部分运动来研究，因此刚性航天器的动力学方程可以由质心运动方程和绕质心转动的方程来表示。

令外力系对质心 O 的主矢为 $\boldsymbol{F}$，主矩为 $\boldsymbol{L}$，则质心运动方程和绕质心转动方程可以分别表示为

$$m\frac{\mathrm{d}\boldsymbol{v}_0}{\mathrm{d}t} = \boldsymbol{F}$$

$$\frac{\mathrm{d}\boldsymbol{h}}{\mathrm{d}t} = \boldsymbol{L} \tag{4.20}$$

以本体坐标系为计算坐标系，且三坐标轴均为惯量主轴，则式(4.20)可以表示为

$$m\frac{\tilde{\mathrm{d}}\boldsymbol{v}_0}{\mathrm{d}t} + m\boldsymbol{\omega} \times \boldsymbol{v}_0 = \boldsymbol{F}$$

$$\frac{\tilde{\mathrm{d}}\boldsymbol{h}}{\mathrm{d}t} + \boldsymbol{\omega} \times \boldsymbol{h} = \boldsymbol{L} \tag{4.21}$$

其分量形式可以表示为

$$m(\dot{v}_{ox} + \omega_y v_{oz} - \omega_z v_{oy}) = F_x$$
$$m(\dot{v}_{oy} + \omega_z v_{ox} - \omega_x v_{oz}) = F_y$$
$$m(\dot{v}_{oz} + \omega_x v_{oy} - \omega_y v_{ox}) = F_z \tag{4.22}$$
$$I_x\dot{\omega}_x + (I_z - I_y)\omega_y\omega_z = L_x$$
$$I_y\dot{\omega}_y + (I_x - I_z)\omega_x\omega_z = L_y$$
$$I_z\dot{\omega}_z + (I_y - I_x)\omega_x\omega_y = L_z \tag{4.23}$$

式(4.22)和式(4.23)是互相耦合的,需要联立相应的欧拉运动学方程才能求解。由于方程的维数高、变量多,一般无法获取其解析解,需要用数学方法求解。当研究航天器姿态运动时,通常把姿态运动对轨道运动的影响忽略不计,且在分析姿态运动参数时,把轨道运动参数当作已知量,在此假设条件下,方可对姿态运动方程式(4.23)单独进行积分计算。

4.2　自由刚体自旋稳定

本节主要讨论自旋刚体的定向性和稳定性。所谓定向性是指自旋刚体没有外力矩作用时,其转轴方向在惯性空间将保持不变;稳定性是指自旋刚体受扰动以后转轴仍然能够保持在原来方向的近旁运动,或渐趋于原来的方向。

4.2.1　定向性

令本体坐标系的三轴为刚体对质心的惯量主轴,I_x、I_y、I_z 为相应的主惯量。设 $L = 0$,则欧拉动力学方程可表示为

$$I_x\dot{\omega}_x + (I_z - I_y)\omega_y\omega_z = 0$$
$$I_y\dot{\omega}_y + (I_x - I_z)\omega_x\omega_z = 0$$
$$I_z\dot{\omega}_z + (I_y - I_x)\omega_x\omega_y = 0 \tag{4.24}$$

设刚体初始角速度为 $\boldsymbol{\omega}_0$,三分量为 ω_{x0}、ω_{y0}、ω_{z0},由于外力矩为 0,刚体动量矩守恒,即

$$\boldsymbol{h} = I_x\omega_x\boldsymbol{i} + I_y\omega_y\boldsymbol{j} + I_z\omega_z\boldsymbol{k} = I_x\omega_{x0}\boldsymbol{i} + I_y\omega_{y0}\boldsymbol{j} + I_z\omega_{z0}\boldsymbol{k} = 常矢量 \tag{4.25}$$

因此在刚体的转动过程中,只有 $\boldsymbol{h}$ 的方向在惯性空间保持不变,而角速度 $\boldsymbol{\omega}$ 的方向除了惯量椭球为正球体外,一般不与 $\boldsymbol{h}$ 的方向重合。因此 $\boldsymbol{\omega}$ 的方向在惯性空间内,一般是变化的,而不具有定向性。

但是,当初始角速度 $\boldsymbol{\omega}_0$ 与某一惯量主轴重合,例如 z 轴,即 $\boldsymbol{\omega}_0 = \omega_0\boldsymbol{k}$,则有

$$\boldsymbol{h} = I_x\omega_x\boldsymbol{i} + I_y\omega_y\boldsymbol{j} + I_z\omega_z\boldsymbol{k} = I_z\omega_{z0}\boldsymbol{k} = 常矢量 \tag{4.26}$$

式(4.26)表明,z 轴方向 $\boldsymbol{k}$ 在惯性空间中保持不变,且恒有

$$\omega_x = \omega_y = 0, \omega_z = \omega_0$$

因此,当且仅当以惯量主轴为转轴时,此转轴才具有定向性。一般情况下可分为 3 种情形:

(1)当 $I_x \neq I_y \neq I_z$ 时,具有定向性的转轴只有三惯量主轴;

(2)当 $I_x = I_y \neq I_z$ 时,除了对称轴 z 具有定向性外,在赤道平面内,过原点 O 的任意轴都具有定向性;

(3)当 $I_x = I_y = I_z$ 时,过 O 的任意轴都具有定向性。

4.2.2 稳定性

对自旋稳定航天器来说,除了希望转轴具有定向性外,还必须具有稳定性。考虑到干扰的存在,需要转轴受到扰动后仍能保持在原来方向的近旁。

设初始角速度 $\boldsymbol{\omega}_0$ 沿着惯量主轴 z,受到扰动 $\delta\boldsymbol{\omega}$ 后,角速度 $\boldsymbol{\omega}$ 变为

$$\boldsymbol{\omega} = \boldsymbol{\omega}_0 + \delta\boldsymbol{\omega}$$

写成分量形式:

$$\omega_x = \delta\omega_x, \omega_y = \delta\omega_y, \omega_z = \omega_0 + \delta\omega_z$$

将上式代入式(4.24),有

$$I_x \dot{\omega}_x + (I_z - I_y)\delta\omega_y(\omega_0 + \delta\omega_z) = 0$$
$$I_y \dot{\omega}_y + (I_x - I_z)\delta\omega_x(\omega_0 + \delta\omega_z) = 0$$
$$I_z \dot{\omega}_z + (I_y - I_x)\delta\omega_x\delta\omega_y = 0 \tag{4.27}$$

令 ω_x、ω_y 和 $\delta\omega_z$ 均为小量,则式(4.27)略去二阶小量得到

$$I_x \dot{\omega}_x + (I_z - I_y)\omega_0\omega_y = 0$$
$$I_y \dot{\omega}_y + (I_x - I_z)\omega_0\omega_x = 0$$
$$I_z \delta\dot{\omega}_z = 0 \tag{4.28}$$

由

$$I_z \delta\dot{\omega}_z = 0$$

可得

$$\delta\omega_z = 常量$$

而根据式(4.28)的前两项得到

$$\ddot{\omega}_x + \lambda^2 \omega_x = 0$$
$$\ddot{\omega}_y + \lambda^2 \omega_y = 0 \tag{4.29}$$

其中

$$\lambda = \sqrt{\frac{(I_z - I_y)(I_z - I_x)}{I_x I_y}} \omega_0 \tag{4.30}$$

要求转轴稳定,即受扰动后 ω_x 和 ω_y 仍保持为小量,根据式(4.29)知,其必要条件是 λ 为非零实数,即

$$(I_z - I_y)(I_z - I_x) > 0 \tag{4.31}$$

满足此条件的转轴如下：

（1）$I_z > I_x, I_z > I_y$，即转轴 z 为最大惯量主轴；

（2）$I_z < I_x, I_z < I_y$，即转轴 z 为最小惯量主轴。

当 $I_x < I_z < I_y$ 或 $I_y < I_z < I_x$ 时，条件（4.31）不成立，因此绕中间惯量主轴的自旋是不稳定的。

当惯量椭球为回转椭球时，即有

$$I_x = I_y \neq I_z$$

则满足式（4.31）条件的转轴只有 z 轴，此轴可以是最大惯量主轴或者最小惯量主轴。

因此，刚体的自旋稳定不是渐进稳定，其定向精度与扰动有关，且随着扰动增大，其精度也就下降。特别是当刚体上作用有长期的干扰力矩时，动量矩 h 便不再守恒，其方向将会发生漂移。

4.3　内能耗散对自旋稳定的影响

4.2 节在刚体的假设条件下，讨论了自旋刚体的定向性和稳定性，而关于一般的非刚体，相关结论是否仍成立，还需进一步讨论。考虑到一些航天器结构设计紧凑，虽然具有一定的非刚性，但内部的相对运动影响很小，研究这一类航天器的定向性与稳定性问题有着重要的工程意义，本节主要分析这一类航天器姿态的稳定性问题。

将航天器设想为一个半刚体的物理模型，假设非刚体内部的相对运动对整体运动影响很小，可以忽略视为刚体，但相对运动造成的内能耗散的影响不能忽略，而不能视为刚体，这种似是而非的刚体称为半刚体。值得注意的是，虽然半刚体概念也是一个理想化模型，但半刚体模型比刚体模型更接近于实际物体，因此推导出的结论也更加合理。

由于半刚体模型是考虑了内能耗散的刚体，欧拉动力学方程仍然满足，且当外力矩为零时也满足动量矩守恒定理，所不同的是内能耗散使得机械能守恒定律不再满足。设一半刚体自旋航天器，外力矩为零，则式（4.24）仍然成立，由此仍可推断最大和最小的惯量主轴均可能是稳定的定向性转轴，仅是这一结论仍需要用内能耗散的影响来进一步加以检验。

考虑特殊情形，即设星体是一回转体，z 轴为对称轴，即有 $I_x = I_y \neq I_z$，根据4.2 节的结论，z 轴不论是最大还是最小惯量主轴，都是具有稳定定向性的转轴。下面考虑内能耗散对此结论的影响。

设航天器绕 z 轴自旋的角速度为 $\boldsymbol{\omega}_0$，当受到扰动 $\delta\boldsymbol{\omega}$ 后，航天器角速度 $\boldsymbol{\omega}$ 变为

$$\omega_x = \delta\omega_x, \omega_y = \delta\omega_y, \omega_z = \omega_0 + \delta\omega_z$$

航天器的动量矩 h 和动能 T 分别为

$$\begin{cases} h^2 = I_x^2(\omega_x^2 + \omega_y^2) + I_z^2\omega_z^2 \\ 2T = \dfrac{1}{I_x}(\omega_x^2 + \omega_y^2) + I_z\omega_z^2 \end{cases} \tag{4.32}$$

合并式(4.32)可以得到

$$2T = \frac{1}{I_x}\left[h^2 - I_z(I_z - I_x)\omega_z^2\right] \tag{4.33}$$

由于假设外力矩为零,动量矩 h 为常量,为此设 z 轴与 h 方向的夹角为 θ,则得到

$$I_z\omega_z = h\cos\theta \tag{4.34}$$

把式(4.34)代入式(4.33),有

$$2T = \frac{h^2}{I_x}\left(1 - \frac{I_z - I_x}{I_z}\cos^2\theta\right) \tag{4.35}$$

将式(4.35)对时间 t 求导,有

$$\dot{T} = \frac{h^2\dot{\theta}}{I_x I_z}(I_z - I_x)\sin\theta\cos\theta \tag{4.36}$$

由于内能耗散,转动动能逐渐减小,而有 $\dot{T} < 0$。另外 z 轴对 h 方向的角偏离 $\theta < 90°$,因此要使式(4.36)成立,则有:

(1) 如 $I_z > I_x$,即 z 轴为最大惯量主轴,则 $\dot{\theta} < 0$,即角 θ 逐渐减小。表明扰动造成 z 轴的偏离,将由于内能耗散使得 z 轴逐渐回到 h 的方向。这时 z 轴的定向性不但是稳定的,而且是渐进稳定的。

(2) 如 $I_z < I_x$,即 z 轴为最小惯量主轴,则 $\dot{\theta} > 0$,即角 θ 逐渐增大。表明扰动造成 z 轴的偏离,将由于内能耗散而逐渐扩大而至发散,因此是不稳定的。

由上面的分析可知,用刚体模型得到的稳定性结论不完整,其中最小惯量主轴不具有自旋稳定性,而如果以最大惯量主轴为自旋轴,则内能耗散将对章动起阻尼作用。因此,对被动的自旋稳定系统,通常把航天器设计为具有对称轴的短粗形状,且设计对称轴为自旋轴。航天器内还要装上阻尼器以提高章动阻尼的能力,使得偏离了的转轴较快地恢复到原来的方向上。

该结论是在回转体的假设下证明的,实际上这一结论对任意形状的惯量椭球也是成立的,即考虑到内能耗散后,任何形状的航天器,只有最大惯量的主轴才具有自旋稳定性,具体证明如下。

设航天器的动量矩 h 在本体坐标系下的方向余弦分别为 $\cos\xi$、$\cos\eta$、$\cos\theta$,即

$$\begin{aligned} h_x &= h\cos\xi = I_x\omega_x \\ h_y &= h\cos\eta = I_y\omega_y \\ h_z &= h\cos\theta = I_z\omega_z \end{aligned} \tag{4.37}$$

则动能 T 可以表示为

$$\begin{aligned} 2T &= I_x\omega_x^2 + I_y\omega_y^2 + I_z\omega_z^2 \\ &= \frac{h_x^2}{I_x} + \frac{h_y^2}{I_y} + \frac{h_z^2}{I_z} \\ &= h^2\left(\frac{\cos^2\xi}{I_x} + \frac{\cos^2\eta}{I_y} + \frac{\cos^2\theta}{I_z}\right) \end{aligned} \tag{4.38}$$

再利用方向余弦的关系式:

$$\cos^2\theta = 1 - \cos^2\xi - \cos^2\eta \tag{4.39}$$

则式(4.39)可以表示为

$$2T = h^2 \left[\left(\frac{1}{I_x} - \frac{1}{I_z} \right) \cos^2\xi + \left(\frac{1}{I_y} - \frac{1}{I_z} \right) \cos^2\eta + \frac{1}{I_z} \right] \tag{4.40}$$

当无外力矩时,由于内能耗散,刚体的转动使得动能趋向于极小值。

从式(4.40)可以看出:

(1)当 $I_z > I_x$ 和 $I_z > I_y$ 时,动能的极小值对应于 $\theta = 0°$,即 $\xi = \eta = 90°$;

(2)当 $I_z < I_x$ 和 $I_z < I_y$ 时,动能的极小值对应于 $\theta = 90°$,即 ξ 或 $\eta = 0°$;

因此,要使得 z 轴为稳定的转轴,即要求章动角 θ 等于零,即必须对应于最大惯量的主轴。

本节主要讨论的是全被动的自旋航天器的姿态稳定问题,即将航天器送入目标轨道,令其绕最大惯量主轴自旋,并把自旋轴对准轨道面法向后,航天器的自旋轴便稳定在动量矩方向上。当星体受扰动而出现章动以后,一般可以通过被动阻尼器的能量耗散,在不需要另加主动控制的情况下,将章动角消除。

全被动的自旋稳定系统是最简单的姿态控制系统,但该系统定向精度较低,航天器的形状又受到限制,因而不能满足控制精度和负载能力的要求。为了提高自旋轴定向精度,一般可以在航天器上增加一个小型的推力系统或者地磁力矩产生器,用以消除干扰力矩造成的动量矩方向的漂移。

4.4 双自旋稳定

在4.3节中研究了自旋稳定系统,该系统具有简单可靠、不消耗星上能源等优点,因此早期航天器的姿态控制系统大多采用自旋稳定。但这一系统存在两个缺点:一是稳定的定向性要求自旋轴为最大惯量主轴,这就限制了航天器必须为短粗形状,但由于运载火箭外壳尺寸限制了航天器的直径,因此也就严重限制了航天器的体积;二是自旋的航天器使得其内部所有器件都要绕着自旋轴转动,因此无法使用定向的仪器设备,从而在应用上受到了限制。

双自旋稳定的概念是自旋稳定概念的发展,而且突破了自旋稳定的限制条件,改进了自旋稳定的性能,因此双自旋稳定系统得到了广泛的研究与应用。双自旋稳定系统是由自旋体、消旋平台和消旋轴承组合件等三大部分组成。航天器的大部分设备是装在自旋体内部,当其旋转时,可以获得稳定航天器姿态所需要的动量矩。消旋平台的转速是根据定向的要求来设计的,以通信卫星为例,通信天线和整个通信装置均装在消旋平台上,为了使得天线对地球定向,消旋平台的转速应当等于轨道角速度。消旋轴承组合件是自旋体与消旋平台之间的接口装置,由轴承、润滑装置等组成。由于消旋轴承组合件无法备份,一旦发生故障,系统便会全部失灵,因此消旋组合件是要精心设计的关键部件。

全被动的双自旋稳定系统结构简单,其工作寿命只取决于消旋轴承组合件的寿命。然而全被动的双自旋稳定系统,其定向精度比较差,不能满足一些特定的指向精度设计要求。对于这种情况,一般会加上主动控制而成为半自动控制系统,为此就需要添加姿态敏感器、电子线路等一整套主动控制系统装置。

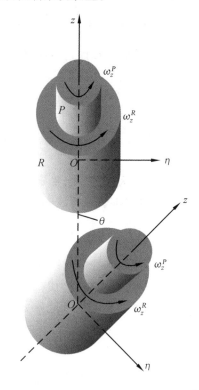

图 4.4　双自旋稳定系统

设系统由平台 P 和转子 R 组成,平台和转子均为回转体,且对称轴重合于 z 轴,如图 4.4 所示。平台为半刚体,其轴向转动惯量为 I_z^P,横向转动惯量为 $I_x = I_y = I_\eta$。转子为刚体,其轴向转动惯量为 I_z^R,横向转动惯量已包含在 I_η 内。

平台和转子的轴向角速度分别记为 ω_z^P 和 ω_z^R,横向角速度为 ω_η,其中 η 轴在总动量矩 $\boldsymbol{h}$ 和 z 轴所在的平面内。可以得到系统的动量矩 h 和动能 T 的大小为

$$h^2 = (I_z^P \omega_z^P + I_z^R \omega_z^R)^2 + I_\eta^2 \omega_\eta^2$$
$$2T = I_z^P \omega_z^{P2} + I_z^R \omega_z^{R2} + I_\eta \omega_y^2 \tag{4.41}$$

设外力矩为零,则有动量矩守恒,即 $h = $ 常量。对式(4.41)的两边求导数,得到

$$0 = (I_z^P \omega_z^P + I_z^R \omega_z^R)(I_z^P \dot{\omega}_z^P + I_z^R \dot{\omega}_z^R) + I_\eta^2 \omega_\eta \dot{\omega}_\eta$$
$$\dot{T} = I_z^P \omega_z^P \dot{\omega}_z^P + I_z^R \omega_z^R \dot{\omega}_z^R + I_\eta \omega_\eta \dot{\omega}_\eta \tag{4.42}$$

把式(4.42)的第二项乘以 I_η 并与第一项相减,可以得到

$$I_\eta \dot{T} = -(I_z^P \omega_z^P + I_z^R \omega_z^R - I_\eta \omega_z^P) I_z^P \dot{\omega}_z^P - (I_z^P \omega_z^P + I_z^R \omega_z^R - I_\eta \omega_z^R) I_z^R \dot{\omega}_z^R \tag{4.43}$$

记

$$\lambda_0 = \frac{I_z^P \omega_z^P + I_z^R \omega_z^R}{I_\eta}$$

$$\lambda_P = \lambda_0 - \omega_z^P$$

$$\lambda_R = \lambda_0 - \omega_z^R \tag{4.44}$$

则式(4.43)可以表示为

$$\dot{T} = -\lambda_P I_z^P \dot{\omega}_z^P - \lambda_R I_z^R \dot{\omega}_z^R \tag{4.45}$$

式(4.42)的第一项可以表示为

$$I_\eta \omega_\eta \dot{\omega}_\eta = -\lambda_0 (I_z^P \dot{\omega}_z^P + I_z^R \dot{\omega}_z^R) \tag{4.46}$$

现假设转子的轴承摩擦力矩不计,则有

$$\dot{\omega}_z^R = 0 \tag{4.47}$$

把式(4.47)代入式(4.45)和式(4.46)得到

$$\dot{T} = -\lambda_p I_z^P \dot{\omega}_z^P$$

$$I_\eta \omega_\eta \dot{\omega}_\eta = -\lambda_0 I_z^P \dot{\omega}_z^P \tag{4.48}$$

由式(4.48)可以消去 $\dot{\omega}_z^P$,得到

$$I_\eta \omega_\eta \dot{\omega}_\eta = \frac{\lambda_0}{\lambda_P} \dot{T} \tag{4.49}$$

现假设 z 轴受扰动后对动量矩 $\boldsymbol{h}$ 有一小偏离,即章动角 $\theta < 90°$,且相应有 $\omega_\eta > 0$,再设平台和转子的转向相同,即有 $\omega_z^P > 0, \omega_z^R > 0$,因此有 $\lambda_0 > 0$。考虑到平台是一半刚体,即存在内能耗散,因此 $\dot{T} < 0$。系统的稳定性要求章动角 θ 趋近于零,而 θ 满足:

$$\tan\theta = \frac{h_\eta}{h_z} = \frac{I_\eta \omega_\eta}{I_z^P \omega_z^P + I_z^R \omega_z^R} \tag{4.50}$$

式(4.50)表明,系统稳定性要求 ω_η 趋近于零,或者 $\dot{\omega}_\eta < 0$。由式(4.49)中各量的符号知,稳定性要求等价于

$$\lambda_P = \lambda_0 - \omega_z^P > 0 \tag{4.51}$$

如果记转子轴向动量矩 $I_z^R \omega_z^R = h^R$,则式(4.51)可以表示为

$$(I_z^P - I_\eta)\omega_z^P + h^R > 0 \tag{4.52}$$

式(4.51)和式(4.52)为双自旋稳定的条件。

(1)如果航天器没有转子,即 $I_z^R = 0$ 或 $h^R = 0$,则退化为自旋稳定的条件,即

$$I_z^P > I_\eta \tag{4.53}$$

(2)当平台角速度 ω_z^P 等于零或者更小的值时,则式(4.52)能自动满足,具有良好的稳定性。因此在双自旋系统中,只要转子轴向动量矩 h^R 的值充分大,则平台的角速度 ω_z^P 可以根据需要进行设计,而不影响系统的稳定性。

(3)只要平台和转子的转向相同,则由式(4.52)得到,不论平台的转轴是否为最大惯量的轴,只需要 h^R 的值充分大,系统便能稳定。这就突破了自旋稳定的条件,使得平台形状的设计不受稳定条件的限制。

综合分析可知,双自旋稳定条件突破了自旋稳定条件的限制,而且平台的轴向角速度可以根据定向需要进行设计,从而避免了自旋稳定系统存在的问题,给应用带来方便。同自旋稳定系统一样,双自旋稳定系统可以在平台内安装被动阻尼器,用以衰减章动。

4.5 基于四元数的航天器姿态表示方法介绍

四元数被广泛地应用于航天器的姿态表示,与欧拉角或方向余弦矩阵等方法相比,四元数具有无奇异点且计算量小等优点。四元数主要用于以下几方面:

(1)航天器姿态相对于参考坐标系的参数化表示;

(2)结合航天器运动学方程推算出下一个时刻的姿态变化;

(3)进行坐标变换,如通过惯性坐标系内的已知矢量来计算地固坐标系中的矢量。

本节先抽象地定义四元数的运算法则,然后再讨论航天器姿态的四元数表示。

4.5.1 四元数的运算法则

定义 1 量 q 称为四元数:

$$q = q_0 + q_1 \boldsymbol{i} + q_2 \boldsymbol{j} + q_3 \boldsymbol{k} \tag{4.54}$$

式中 q_0、q_1、q_2、q_3——任意实数,q_0 为四元数的标部,$q_1 \boldsymbol{i} + q_2 \boldsymbol{j} + q_3 \boldsymbol{k}$ 为四元数的矢部,记作 $\boldsymbol{q}$。因此 q 也可以记为

$$q = q_0 + \boldsymbol{q} \tag{4.55}$$

从定义易知,当矢部为零时,四元数则退化为标部;当标部为零时,则四元数退化为矢部。

定义 2 $\boldsymbol{i}$、$\boldsymbol{j}$、$\boldsymbol{k}$ 满足如下运算法则:

$$\boldsymbol{i}^2 = \boldsymbol{j}^2 = \boldsymbol{k}^2 = -1$$
$$\boldsymbol{jk} = -\boldsymbol{kj} = \boldsymbol{i}$$
$$\boldsymbol{ki} = -\boldsymbol{ik} = \boldsymbol{j}$$
$$\boldsymbol{ij} = -\boldsymbol{ji} = \boldsymbol{k} \tag{4.56}$$

定义 3

$$q^* = q_0 - q_1 \boldsymbol{i} - q_2 \boldsymbol{j} - q_3 \boldsymbol{k} = q_0 - \boldsymbol{q} \tag{4.57}$$

式中 q^*——q 的共轭四元数。

定义 4 设 p、q 为任意两个四元数:

$$p = p_0 + p_1 \boldsymbol{i} + p_2 \boldsymbol{j} + p_3 \boldsymbol{k}$$
$$q = q_0 + q_1 \boldsymbol{i} + q_2 \boldsymbol{j} + q_3 \boldsymbol{k}$$

则 p 与 q 的相加定义为

$$p + q = (p_0 + q_0) + (p_1 + q_1)\boldsymbol{i} + (p_2 + q_2)\boldsymbol{j} + (p_3 + q_3)\boldsymbol{k} \tag{4.58}$$

且称 $p + q$ 为四元数 p 与 q 之和。容易证明,四元数之和满足:

交换律:

$$p + q = q + p$$

结合律:

$$(p + q) + r = p + (q + r)$$

对实数乘法的分配律:

$$\alpha(p + q) = \alpha p + \alpha q$$

式中　α——任意实数。

定义 5　设 p、q 为任意两个四元数,则 p 与 q 的相乘定义为

$$pq = (p_0 + p_1\boldsymbol{i} + p_2\boldsymbol{j} + p_3\boldsymbol{k})(q_0 + q_1\boldsymbol{i} + q_2\boldsymbol{j} + q_3\boldsymbol{k}) \tag{4.59}$$

式中　pq——p 与 q 的积,如果借用矢量运算符号,可以表示为

$$pq = p_0 q_0 - \boldsymbol{p} \cdot \boldsymbol{q} + \boldsymbol{p} q_0 + p_0 \boldsymbol{q} + \boldsymbol{p} \times \boldsymbol{q} \tag{4.60}$$

其中

$$\boldsymbol{p} \cdot \boldsymbol{q} = p_1 q_1 + p_2 q_2 + p_3 q_3$$

$$\boldsymbol{p} \times \boldsymbol{q} = (p_2 q_3 - p_3 q_2)\boldsymbol{i} + (p_3 q_1 - p_1 q_3)\boldsymbol{j} + (p_1 q_2 - p_2 q_1)\boldsymbol{k}$$

由于 $\boldsymbol{p} \times \boldsymbol{q} \neq \boldsymbol{q} \times \boldsymbol{p}$,因此四元数的乘法不满足交换律。

定义 6　如果 $q = p^*$,则有

$$pp^* = p_0^2 + p_1^2 + p_2^2 + p_3^2 = N(p) \tag{4.61}$$

式中　$N(p)$——四元数的范数。

定义 7　四元数

$$I = 1 + 0\boldsymbol{i} + 0\boldsymbol{j} + 0\boldsymbol{k} \tag{4.62}$$

式中　I——单元。

定义 8　四元数

$$0 = 0 + 0\boldsymbol{i} + 0\boldsymbol{j} + 0\boldsymbol{k} \tag{4.63}$$

称为零元素。

定义 9　四元数 p 如为非零元数,则有

$$p^{-1} = \frac{1}{p_0 + p_1\boldsymbol{i} + p_2\boldsymbol{j} + p_3\boldsymbol{k}} = \frac{1}{p} \tag{4.64}$$

称为四元数 p 的逆元数。由于

$$p^{-1} = \frac{p^*}{pp^*} = \frac{p^*}{N(p)} \tag{4.65}$$

易知,当 p 的范数 $N(p) = 1$ 时,有

$$p^{-1} = p^* \tag{4.66}$$

或者

$$pp^{-1} = pp^* = p_0^2 + p_1^2 + p_2^2 + p_3^2 = 1 \tag{4.67}$$

4.5.2　用四元数表示矢量旋转

如图 4.5 所示,设矢量 $\boldsymbol{r}$ 绕某一轴 $\boldsymbol{E}$ 旋转 α 角到达 $\boldsymbol{r}'$,根据几何关系有

$$\boldsymbol{r}' = \boldsymbol{r} + \overline{MK} + \overline{KN} \tag{4.68}$$

而

$$\overline{MK} = \overline{MP}(1 - \cos \alpha)$$

$$= (1 - \cos \alpha)(\overline{OP} - \boldsymbol{r})$$

$$\overline{OP} = \frac{\boldsymbol{r} \cdot \boldsymbol{E}}{|\boldsymbol{E}|^2}\boldsymbol{E}$$

$$\overline{KN} = \left(\frac{E}{|E|} \times \frac{r}{r} \right) r \sin \alpha$$

$$= \left(\frac{E}{|E|} \times r \right) \sin \alpha$$

合并上述三式,得到

$$r' = r + (1 - \cos \alpha) \left[\frac{rE}{|E|^2} E - r \right] + \left(\frac{E}{|E|} \times r \right) \sin \alpha$$

$$= r \cos \alpha + (1 - \cos \alpha)(r \cdot E) \frac{E}{|E|^2} + \left(\frac{E}{|E|} \times r \right) \sin \alpha$$

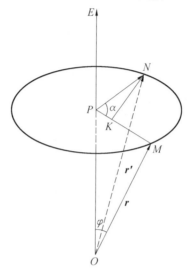

图 4.5　矢量旋转

如果取 E 为单位矢量,即 $|E| = 1$,则有

$$r' = r \cos \alpha + (1 - \cos \alpha)(r \cdot E)E + (E \times r) \sin \alpha \tag{4.69}$$

定义四元数 q

$$q = \cos \frac{\alpha}{2} + E \sin \frac{\alpha}{2}$$

$$= \cos \frac{\alpha}{2} + E_x \sin \frac{\alpha}{2} i + E_y \sin \frac{\alpha}{2} j + E_z \sin \frac{\alpha}{2} k$$

$$= q_0 + q_1 i + q_2 j + q_3 k \tag{4.70}$$

式中　E——转轴的单位矢量;

　　　α——转角;

　　　E_x、E_y、E_z——E 相对于某一坐标系 $Oxyz$ 的方向余弦。

其中式(4.70)定义的四元数范数 $N(q) = 1$,即 $q^* = q^{-1}$。如果把矢量 r 看作标部为零的四元数,进行如下乘法运算:

$$qrq^* = \left(\cos \frac{\alpha}{2} + E \sin \frac{\alpha}{2} \right) r \left(\cos \frac{\alpha}{2} - E \sin \frac{\alpha}{2} \right)$$

$$= r \cos \alpha + (1 - \cos \alpha)(E \cdot r)E + (E \times r) \sin \alpha \tag{4.71}$$

比较式(4.70)和式(4.71)有

$$r' = qrq^*$$ (4.72)

上式即矢量旋转的四元数表示式。

如果进一步把 r' 与 r 表示为四元数的形式,即

$$r' = \begin{bmatrix} 0 & x' & y' & z' \end{bmatrix}^T$$

$$r = \begin{bmatrix} 0 & x & y & z \end{bmatrix}^T$$

通过乘法公式将式(4.72)表示成矩阵形式,即

$$\begin{bmatrix} 0 \\ x' \\ y' \\ z' \end{bmatrix} = \begin{bmatrix} q_0 & q_1 & q_2 & q_3 \\ q_1 & q_0 & q_3 & q_2 \\ q_2 & q_3 & q_0 & -q_1 \\ q_3 & -q_2 & q_1 & q_0 \end{bmatrix} \begin{bmatrix} q_0 & q_1 & q_2 & q_3 \\ -q_1 & q_0 & -q_3 & q_2 \\ -q_2 & q_3 & q_0 & -q_1 \\ -q_3 & -q_2 & q_1 & q_0 \end{bmatrix} \begin{bmatrix} 0 \\ x \\ y \\ z \end{bmatrix}$$

$$= \begin{bmatrix} q_0^2 + q_1^2 + q_2^2 + q_3^2 & 0 & 0 & 0 \\ 0 & q_0^2 + q_1^2 - q_2^2 - q_3^2 & -2q_0q_3 + 2q_1q_2 & 2q_0q_2 + 2q_2q_3 \\ 0 & 2q_0q_3 + 2q_1q_2 & q_0^2 - q_1^2 + q_2^2 - q_3^2 & -2q_0q_1 + 2q_2q_3 \\ 0 & -2q_0q_2 + 2q_1q_3 & 2q_0q_1 + 2q_2q_3 & q_0^2 - q_1^2 - q_2^2 + q_3^2 \end{bmatrix} \begin{bmatrix} 0 \\ x \\ y \\ z \end{bmatrix}$$ (4.73)

式(4.73)即为坐标系 $Oxyz$ 中用四元数表示的 r' 与 r 坐标之间的关系。

4.5.3　用四元数表示坐标变换

设坐标系 $Oxyz$ 绕 E 轴转 α 角到达坐标系 $Ox'y'z'$,对应的四元数 q 同样定义为

$$q = \cos\frac{\alpha}{2} + E\sin\frac{\alpha}{2} = q_0 + q_1\boldsymbol{i} + q_2\boldsymbol{j} + q_3\boldsymbol{k}$$ (4.74)

其中　　　　　$q_0 = \cos\frac{\alpha}{2}, q_1 = E_x\sin\frac{\alpha}{2}, q_2 = E_y\sin\frac{\alpha}{2}, q_3 = E_z\sin\frac{\alpha}{2}$

如果取 $Oxyz$ 的三坐标轴单位矢量为四元数的 $\boldsymbol{i}$、$\boldsymbol{j}$、$\boldsymbol{k}$,且 $Ox'y'z'$ 三轴单位矢量 $\boldsymbol{i}'$、$\boldsymbol{j}'$、$\boldsymbol{k}'$ 是分别由 $\boldsymbol{i}$、$\boldsymbol{j}$、$\boldsymbol{k}$ 绕 E 轴转 α 角得到的,由矢量旋转的四元数公式有

$$\boldsymbol{i}' = q\boldsymbol{i}q^* = \begin{bmatrix} q_0^2 + q_1^2 - q_2^2 - q_3^2 & 2q_0q_3 + 2q_1q_2 & -2q_0q_2 + 2q_1q_3 \end{bmatrix}^T$$

$$\boldsymbol{j}' = q\boldsymbol{j}q^* = \begin{bmatrix} -2q_0q_3 + 2q_1q_2 & q_0^2 - q_1^2 + q_2^2 - q_3^2 & 2q_0q_1 + 2q_2q_3 \end{bmatrix}^T$$

$$\boldsymbol{k}' = q\boldsymbol{k}q^* = \begin{bmatrix} 2q_0q_2 + 2q_1q_3 & -2q_0q_1 + 2q_2q_3 & q_0^2 - q_1^2 - q_2^2 + q_3^2 \end{bmatrix}^T$$ (4.75)

令任一矢量 r 在 $Oxyz$ 中表示为

$$r = x\boldsymbol{i} + y\boldsymbol{j} + z\boldsymbol{k}$$ (4.76)

在 $Ox'y'z'$ 中记为 r',表示为

$$r' = x'\boldsymbol{i}' + y'\boldsymbol{j}' + z'\boldsymbol{k}'$$ (4.77)

将式(4.76)和式(4.77)写成矩阵形式,并且将式(4.75)代入式(4.77),有

$$\begin{bmatrix} x \\ y \\ z \end{bmatrix} = x'\begin{bmatrix} q_0^2 + q_1^2 - q_2^2 - q_3^2 \\ 2q_0q_3 + 2q_1q_2 \\ -2q_0q_2 + 2q_1q_3 \end{bmatrix} + y'\begin{bmatrix} -2q_0q_3 + 2q_1q_2 \\ q_0^2 - q_1^2 + q_2^2 - q_3^2 \\ 2q_0q_1 + 2q_2q_3 \end{bmatrix} + z'\begin{bmatrix} 2q_0q_2 - 2q_1q_3 \\ -2q_0q_1 + 2q_2q_3 \\ q_0^2 - q_1^2 - q_2^2 + q_3^2 \end{bmatrix}$$

$$= \begin{bmatrix} q_0^2 + q_1^2 - q_2^2 - q_3^2 & -2q_0q_3 + 2q_1q_2 & 2q_0q_2 - 2q_1q_3 \\ 2q_0q_3 + 2q_1q_2 & q_0^2 - q_1^2 + q_2^2 - q_3^2 & -2q_0q_1 + 2q_2q_3 \\ -2q_0q_2 + 2q_1q_3 & 2q_0q_1 + 2q_2q_3 & q_0^2 - q_1^2 - q_2^2 + q_3^2 \end{bmatrix} \begin{bmatrix} x' \\ y' \\ z' \end{bmatrix} \tag{4.78}$$

式(4.78) 即为用四元数表示的从坐标系 $Ox'y'z'$ 到 $Oxyz$ 的坐标变换。

4.5.4　四元数与欧拉角的关系

在 4.1 节中曾通过三次旋转所得的欧拉角来表示角位置,而旋转又可以用四元数进行表示,因此欧拉角与四元数也必存在确定的关系。为了推导此关系,需要先讨论多次坐标变换的四元数表示方法。

设任一矢量在坐标系 $A(Oxyz)$ 中表示为 $\boldsymbol{r}$,在坐标系 $B(Ox'y'z')$ 中表示为 $\boldsymbol{r}'$,在坐标系 $C(Ox''y''z'')$ 中表示为 $\boldsymbol{r}''$。设从坐标系 A 变换为 B 的四元数 q 为

$$q = q_0 + q_1\boldsymbol{i} + q_2\boldsymbol{j} + q_3\boldsymbol{k}$$

从坐标系 B 变换为 C 的四元数 q' 为

$$q' = q'_0 + q'_1\boldsymbol{i} + q'_2\boldsymbol{j} + q'_3\boldsymbol{k}$$

从坐标系 C 变换为 A 的四元数 q'' 为

$$q'' = q''_0 + q''_1\boldsymbol{i} + q''_2\boldsymbol{j} + q''_3\boldsymbol{k}$$

根据坐标变化有

$$r' = q^* rq$$
$$r'' = q'^* r'q'$$
$$r'' = q''^* rq''$$

将三式联立,有

$$r'' = q'^* q^* rqq' = q''^* rq'' \tag{4.79}$$

因此有

$$q'' = qq'$$
$$q''^* = q'^* q^* = (qq')^* \tag{4.80}$$

表示成矩阵的乘法,有

$$\begin{bmatrix} q''_0 \\ q''_1 \\ q''_2 \\ q''_3 \end{bmatrix} = \begin{bmatrix} q_0 & -q_1 & -q_2 & -q_3 \\ q_1 & q_0 & -q_3 & q_2 \\ q_2 & q_3 & q_0 & -q_1 \\ q_3 & -q_2 & q_1 & q_0 \end{bmatrix} \begin{bmatrix} q'_0 \\ q'_1 \\ q'_2 \\ q'_3 \end{bmatrix} = \begin{bmatrix} q'_0 & -q'_1 & -q'_2 & -q'_3 \\ q'_1 & q'_0 & q'_3 & -q'_2 \\ q'_2 & -q'_3 & q'_0 & q'_1 \\ q'_3 & q'_2 & -q'_1 & q'_0 \end{bmatrix} \begin{bmatrix} q_0 \\ q_1 \\ q_2 \\ q_3 \end{bmatrix}$$

$$\tag{4.81}$$

式(4.80) 和(4.81) 表示了三个坐标变换的四元数之间的关系。

多个坐标系变换的四元数之间关系依此类推,进一步可以得到 q''' 与 q 之间的关系,即

$$q''' = \begin{bmatrix} q'''_0 \\ q'''_1 \\ q'''_2 \\ q'''_3 \end{bmatrix} = \begin{bmatrix} q''_0 & -q''_1 & -q''_2 & -q''_3 \\ q''_1 & q''_0 & q''_3 & -q''_2 \\ q''_2 & -q''_3 & q''_0 & q''_1 \\ q''_3 & q''_2 & -q''_1 & q''_0 \end{bmatrix} \begin{bmatrix} q'_0 & -q'_1 & -q'_2 & -q'_3 \\ q'_1 & q'_0 & q'_3 & -q'_2 \\ q'_2 & -q'_3 & q'_0 & q'_1 \\ q'_3 & q'_2 & -q'_1 & q'_0 \end{bmatrix} \begin{bmatrix} q_0 \\ q_1 \\ q_2 \\ q_3 \end{bmatrix}$$

$$(4.82)$$

以 321 旋转顺序得到的 ϕ、θ、φ 为例,应用式 (4.82) 建立欧拉角与四元数之间的关系,有

$$q = \cos\frac{\phi}{2} + \sin\frac{\phi}{2}\boldsymbol{k}$$

$$q' = \cos\frac{\theta}{2} + \sin\frac{\theta}{2}\boldsymbol{j}$$

$$q'' = \cos\frac{\varphi}{2} + \sin\frac{\varphi}{2}\boldsymbol{i}$$

其中各四元数的分量为

$$q_0 = \cos\frac{\phi}{2}, \quad q_1 = q_2 = 0, \quad q_3 = \sin\frac{\phi}{2}$$

$$q'_0 = \cos\frac{\theta}{2}, \quad q'_1 = q'_3 = 0, \quad q'_2 = \sin\frac{\theta}{2}$$

$$q''_0 = \cos\frac{\varphi}{2}, \quad q''_1 = q''_3 = 0, \quad q''_2 = \sin\frac{\varphi}{2} \qquad (4.83)$$

将式 (4.83) 代入式 (4.82) 有

$$\begin{bmatrix} q'''_0 \\ q'''_1 \\ q'''_2 \\ q'''_3 \end{bmatrix} = \begin{bmatrix} \cos\frac{\varphi}{2} & -\sin\frac{\varphi}{2} & 0 & 0 \\ \sin\frac{\varphi}{2} & \cos\frac{\varphi}{2} & 0 & 0 \\ 0 & 0 & \cos\frac{\varphi}{2} & \sin\frac{\varphi}{2} \\ 0 & 0 & -\sin\frac{\varphi}{2} & \cos\frac{\varphi}{2} \end{bmatrix} \begin{bmatrix} \cos\frac{\theta}{2} & 0 & -\sin\frac{\theta}{2} & 0 \\ 0 & \cos\frac{\theta}{2} & 0 & -\sin\frac{\theta}{2} \\ \sin\frac{\theta}{2} & 0 & \cos\frac{\theta}{2} & 0 \\ 0 & \sin\frac{\theta}{2} & 0 & \cos\frac{\theta}{2} \end{bmatrix} \begin{bmatrix} \cos\frac{\phi}{2} \\ 0 \\ 0 \\ \sin\frac{\phi}{2} \end{bmatrix}$$

计算后有

$$\begin{bmatrix} q'''_0 \\ q'''_1 \\ q'''_2 \\ q'''_3 \end{bmatrix} = \begin{bmatrix} \cos\frac{\phi}{2}\cos\frac{\theta}{2}\cos\frac{\varphi}{2} + \sin\frac{\varphi}{2}\sin\frac{\theta}{2}\sin\frac{\phi}{2} \\ \sin\frac{\varphi}{2}\cos\frac{\theta}{2}\cos\frac{\phi}{2} - \cos\frac{\varphi}{2}\sin\frac{\theta}{2}\sin\frac{\phi}{2} \\ \cos\frac{\varphi}{2}\sin\frac{\theta}{2}\cos\frac{\phi}{2} + \sin\frac{\varphi}{2}\cos\frac{\theta}{2}\sin\frac{\phi}{2} \\ -\sin\frac{\varphi}{2}\sin\frac{\theta}{2}\cos\frac{\phi}{2} + \cos\frac{\varphi}{2}\cos\frac{\theta}{2}\sin\frac{\phi}{2} \end{bmatrix} \qquad (4.84)$$

式 (4.84) 即用欧拉角 ϕ、θ、φ 表示从 $Ox'y'z'$ 到 $Oxyz$ 的四元数 q''' 的表示式。

4.5.5　四元数运动学方程

欧拉运动学方程是用欧拉角与欧拉角速率表示刚体的角速度,同样刚体角速度也可以用四元数及其导数进行表示,且称相应的表达式为四元数运动学方程。

设刚体绕点 O 转动,刚体上任一点 M,矢径 $\boldsymbol{OM}$ 由 $\boldsymbol{r}_0$ 位置转至 $\boldsymbol{r}$ 位置。设从 $\boldsymbol{r}_0$ 到 $\boldsymbol{r}$ 的转轴为 $\boldsymbol{E}$,转角为 α。设 $\boldsymbol{E}$ 相对于固定坐标系的 $Ox_0y_0z_0$ 的方向余弦为 E_x、E_y、E_z,则旋转的四元数 q 定义为

$$\cos\frac{\alpha}{2} + E_x\sin\frac{\alpha}{2}\boldsymbol{i} + E_y\sin\frac{\alpha}{2}\boldsymbol{j} + E_z\sin\frac{\alpha}{2}\boldsymbol{k}$$

由式(4.72)有

$$\boldsymbol{r} = q\boldsymbol{r}_0q^* \tag{4.85}$$

由于

$$N(q) = qq^* = q_0^2 + q_1^2 + q_2^2 + q_3^2 = 1$$

对时间 t 求导,有

$$\dot{q}q^* + q\dot{q}^* = 0 \tag{4.86}$$

再对式(4.85)求导,有

$$\dot{\boldsymbol{r}} = \dot{q}\boldsymbol{r}_0q^* + q\boldsymbol{r}_0\dot{q}^* \tag{4.87}$$

同时,由式(4.85)有

$$\boldsymbol{r}_0 = q^*\boldsymbol{r}q \tag{4.88}$$

将式(4.86)和式(4.88)代入式(4.87),可以得到

$$\dot{\boldsymbol{r}} = \dot{q}q^*\boldsymbol{r} - \boldsymbol{r}\dot{q}q^* \tag{4.89}$$

记四元数 p 为

$$p = p_0 + \boldsymbol{p} = \dot{q}q^* \tag{4.90}$$

进而有

$$p_0 = \dot{q}_0q_0 + \dot{\boldsymbol{q}}\cdot\boldsymbol{q} = \dot{q}_0q_0 + \dot{q}_1q_1 + \dot{q}_2q_2 + \dot{q}_3q_3 = 0 \tag{4.91}$$
$$\boldsymbol{p} = \boldsymbol{p} = -\dot{q}_0\boldsymbol{q} + q_0\dot{\boldsymbol{q}} - \dot{\boldsymbol{q}}\times\boldsymbol{q}$$

把式(4.90)代入式(4.89),有

$$\dot{\boldsymbol{r}} = p\boldsymbol{r} - \boldsymbol{r}p = p\boldsymbol{r} - \boldsymbol{r}p = 2\boldsymbol{p}\times\boldsymbol{r} \tag{4.92}$$

设刚体相对于 $Ox_0y_0z_0$ 转动的角速度为 $\boldsymbol{\omega}$,则有

$$\dot{\boldsymbol{r}} = \boldsymbol{\omega}\times\boldsymbol{r} \tag{4.93}$$

结合式(4.92)和式(4.93)有

$$\boldsymbol{\omega} = 2\boldsymbol{p} = 2(-\dot{q}_0\boldsymbol{q} + q_0\dot{\boldsymbol{q}} - \dot{\boldsymbol{q}}\times\boldsymbol{q}) \tag{4.94}$$

考虑到 q 与 $\boldsymbol{\omega}$ 的四元数表示

$$\boldsymbol{q} = q_1\boldsymbol{i} + q_2\boldsymbol{j} + q_3\boldsymbol{k}$$
$$\boldsymbol{\omega} = \omega_x\boldsymbol{i} + \omega_y\boldsymbol{j} + \omega_z\boldsymbol{k} \tag{4.95}$$

由式(4.94)和式(4.95)有

$$\omega_x = 2(q_0\dot{q}_1 - \dot{q}_0q_1 + q_2\dot{q}_3 - q_3\dot{q}_2)$$

$$\omega_y = 2(q_0\dot{q}_2 - \dot{q}_0 q_2 + q_3\dot{q}_1 - q_1\dot{q}_3)$$

$$\omega_z = 2(q_0\dot{q}_3 - \dot{q}_0 q_3 + q_1\dot{q}_2 - q_2\dot{q}_1)$$

$$0 = q_0\dot{q}_0 + q_1\dot{q}_1 + q_2\dot{q}_2 + q_3\dot{q}_3 \tag{4.96}$$

写成矩阵形式,有

$$\boldsymbol{\omega} = \begin{bmatrix} 0 \\ \omega_x \\ \omega_y \\ \omega_z \end{bmatrix} = 2\begin{bmatrix} q_0 & q_1 & q_2 & q_3 \\ -q_1 & q_0 & -q_3 & q_2 \\ -q_2 & q_3 & q_0 & -q_1 \\ -q_3 & -q_2 & q_1 & q_0 \end{bmatrix}\begin{bmatrix} \dot{q}_0 \\ \dot{q}_1 \\ \dot{q}_2 \\ \dot{q}_3 \end{bmatrix} = 2\dot{q}q^* \tag{4.97}$$

或者

$$\dot{q} = \frac{1}{2}\boldsymbol{\omega}q \tag{4.98}$$

式(4.97)和式(4.98)为四元数运动学方程及其反解形式。

在研究航天器的非惯性定向问题时,航天器的角速度 $\boldsymbol{\omega}$ 与参考系 $Ox_ry_rz_r$ 的角速度 $\boldsymbol{\omega}_r$ 有关,如果本体系 $Oxyz$ 相对于 $Ox_ry_rz_r$ 的欧拉角定义为 ϕ、θ、φ,则 $\boldsymbol{\omega}$ 可以表示为

$$\boldsymbol{\omega} = \boldsymbol{\omega}_r + \dot{\phi} + \dot{\theta} + \dot{\varphi}$$

将该式进行投影运算,即可以得到相应的用欧拉角表示的运动学方程。

同样,也可以用四元数来表示这一问题的运动学方程。设 $\boldsymbol{\omega}$ 表示 $Oxyz$ 上的分量形式,$\boldsymbol{\omega}_r$ 是 $Ox_ry_rz_r$ 上的分量形式。再设从 $Ox_ry_rz_r$ 到 $Oxyz$ 的四元数为 q,则 $Oxyz$ 相对于 $Ox_ry_rz_r$ 的角速度可由式(4.98)表示为 $2q^*\dot{q}$。其表示式的分量是沿 $Oxyz$ 分解得到的,因此在用角速度合成原理来建立运动学方程时,还要把 $\boldsymbol{\omega}_r$ 的分量变换到 $Oxyz$ 坐标上。因此有

$$\boldsymbol{\omega} = 2q^*\dot{q} + q^*\boldsymbol{\omega}_r q \tag{4.99}$$

或者

$$\dot{q} = \frac{1}{2}(q\boldsymbol{\omega} - \boldsymbol{\omega}_r q) \tag{4.100}$$

式(4.99)和式(4.100)就是本体系 $Oxyz$ 相对于非惯性参考系 $Ox_ry_rz_r$ 的四元数运动学方程。

4.5.6　四元数动力学方程

用四元数表示动力学问题,应用前面几节的结果得到如下方程。

(1)姿态动力学方程:

$$I_x\dot{\omega}_x + (I_z - I_y)\omega_y\omega_z = L_x$$

$$I_y\dot{\omega}_y + (I_x - I_z)\omega_x\omega_z = L_y$$

$$I_z\dot{\omega}_z + (I_y - I_x)\omega_x\omega_y = L_z \tag{4.101}$$

(2)四元数运动学方程:

$$\dot{q} = \frac{1}{2}q\boldsymbol{\omega} \tag{4.102}$$

即

$$\dot{q}_0 = \frac{1}{2}(-q_1\omega_x - q_2\omega_y - q_3\omega_z)$$

$$\dot{q}_1 = \frac{1}{2}(q_0\omega_x - q_3\omega_y + q_2\omega_z)$$

$$\dot{q}_2 = \frac{1}{2}(q_3\omega_x + q_0\omega_y - q_1\omega_z)$$

$$\dot{q}_3 = \frac{1}{2}(-q_2\omega_x + q_1\omega_y + q_0\omega_z) \tag{4.103}$$

（3）用四元数表示的欧拉角：

$$\varphi = \varphi(q_0 \quad q_1 \quad q_2 \quad q_3)$$

$$\phi = \phi(q_0 \quad q_1 \quad q_2 \quad q_3)$$

$$\theta = \theta(q_0 \quad q_1 \quad q_2 \quad q_3) \tag{4.104}$$

（4）用欧拉角表示的四元数：

$$q_0 = q_0(\varphi \quad \phi \quad \theta)$$

$$q_1 = q_1(\varphi \quad \phi \quad \theta)$$

$$q_2 = q_2(\varphi \quad \phi \quad \theta)$$

$$q_3 = q_3(\varphi \quad \phi \quad \theta)$$

$$q_0^2 + q_1^2 + q_2^2 + q_3^2 = 1 \tag{4.105}$$

应用上述方程,则可以把姿态动力学问题变换为以 $(\omega_x \quad \omega_y \quad \omega_z \quad q_0 \quad q_1 \quad q_2 \quad q_3)^{\mathrm{T}}$ 为状态的动力学方程。

第5章 建立复杂系统模型

STK 采用面向对象的体系结构,包含不同级别的类或对象。STK 中最高级别的对象为 STK 本身,其最高级别的子对象为场景(Scenario)。场景相当于一个模拟世界,包含着具有某种相互关系的对象,一个场景中可以包含卫星、地面站、传感器以及其他用户感兴趣的对象。

5.1 创建新场景

(1)首先点击桌面中的 STK 的(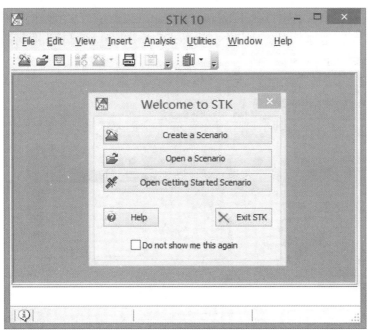),进入 STK,出现欢迎对话框(图 5.1)。然后对话框中的可选项出现:创建出新的场景、打开现有的场景、访问 STK 帮助系统或退出 STK 应用。

图 5.1 STK 软件的欢迎对话框

(2)点击图 5.1 中的"Create a Scenario"()按钮,将会出现图 5.2 所示新场景管理器(STK:Mew Scenario Wizard)窗口。

图 5.2 所示的第一行是场景名字:"scenario1",当然也可以修改文件名字;第二行是对场景的描述说明;第三行是定义场景存储地址:"C:\Users\dell c\Documents\STK 10",

这个存储路径是可以随意修改的;最后一行是定义场景的开始时间和结束时间,这个时间也是可以修改的。

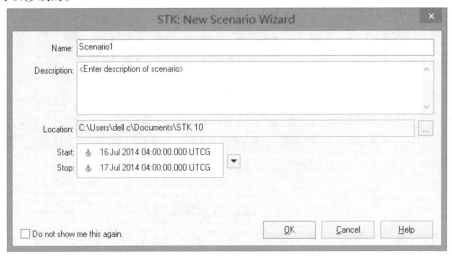

图 5.2　新窗口管理器

(3)如果没有特殊修改,则点击图 5.2 所示的"OK"按钮,就会得到图 5.3 所示的结果。在图 5.3 中包含几个窗口。在主窗口左侧的出现一个新场景图标 Scenarios 1,在主窗口右侧将出现三个新的窗口:2DGraphics 1－Earth(二维图片 1－地球)、3D Graphics 1－Earth(三维图片 1－地球),最前面一个窗口插入窗口,在这个窗口里,也可以插入 STK 对象,如卫星、地面设备、飞机等。

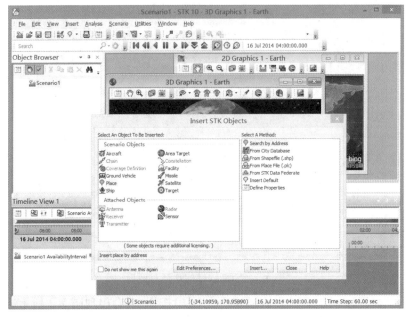

图 5.3　创建了一个场景

（4）关掉图 5.3 中最前面的"Insert STK Object"窗口（留在后面再讨论这个窗口），点击工具栏"Window"→"Title Vertically"，得到图 5.4 所示结果，然后点击工具栏"File"→"Save as"或"Save（🖫）"，保存这个场景文件。

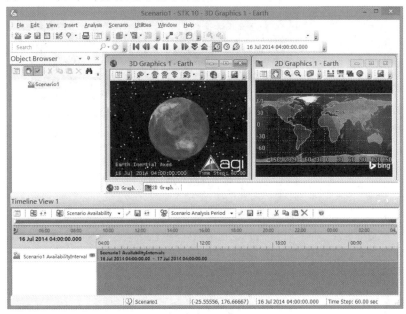

图 5.4　新场景创建完成并保存

5.2　STK 工作区

5.2.1　STK 工作区的组成

STK 工作区由各种 Windows 窗口和对象浏览器组成，其中对象浏览器的布局是按照一种树状的层次结构，排序当前场景的所有对象。工作区所提供的功能为：

（1）从各个角度，利用 2D Windows 窗口和 3D Windows 窗口，将任务进行可视化。

（2）工具栏为用户提供快捷地访问 STK 最常用的功能和工具。

（3）时间轴的主要用途是管理指定对象案例时间间隔。

5.2.2　操控与认识 STK 工作区

1.定制 STK 工作区

通过点击"Timeline View"里的自动隐藏图标（🔲），隐藏"Timeline View"窗口，操作结果如图 5.5 所示。

点击"3D Graphics Window"浏览器中右上角的最大化按钮（🔲），点击后的结果如图 5.6 所示。STK 窗口组织的选项卡在工作区的底部。展开 Window 窗口的菜单，点击"垂直标题栏"的选项,可以恢复 STK 窗口的布局。

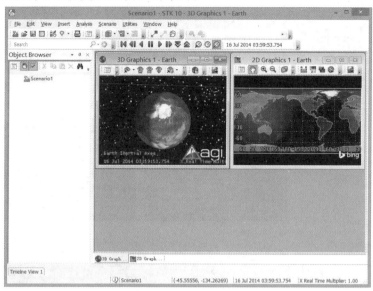

图 5.5　隐藏了"Timeline View"窗口

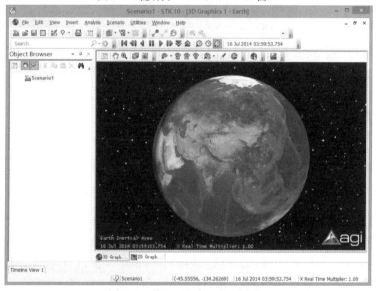

图 5.6　实现 3D 窗口的最大化

2. 用鼠标滑轮控制 2D 和 3D 图形窗口。

(1)对于 2D 图形窗口。

①为了聚焦观察 2D 图形窗口的特定点,按住鼠标左键,上、下、左、右拖 2D 图形窗口。

②为了放大缩小,按住鼠标滑轮前后滚动,或点击按钮(🔍 和 🔍)。

(2)对于 3D 图形窗口。

①为了聚焦观察 3D 图形窗口和旋转的地球,按住鼠标左键,前、后、左、右滑动,同时使用鼠标滚动轮进行放大和缩小。

②在某个区域点击按钮(🔍),拖出一个感兴趣的框,进行放大。

③为了使场景平面转动,点击"Grab Globe"(✋)按钮,然后按住 Shift 键,鼠标左键,移动鼠标。

④为了恢复默认设置,点击(🏠)按钮。

⑤鼠标控制 3D 窗口的各种模式如图 5.7 所示。

图 5.7　鼠标控制 3D 窗口的各种模式

3. 使用动画控件观测场景

表 5.1 列出了动画播放按钮的功能,与音响设备类似,读者可以自己操作体会一下。

表 5.1　动画播放按钮的功能介绍

按钮	作用
(▶)	播放
(⏸▶)	前进
(◀⏸).	后退
(⏸⏸)	暂停
(⏫)	加速播放
(⏬)	减速播放
(⏮)	复位

4. 使用滚动条在时间轴上滚动时间的场景

使用滚动条在时间轴上滚动时间的场景如图 5.8 所示。

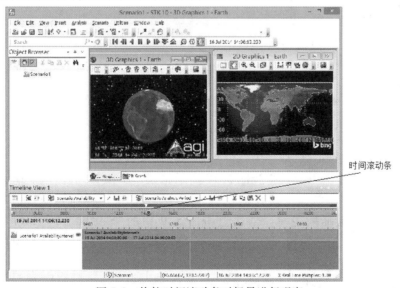

图 5.8　拖拉时间滚动条对场景进行观察

5.3　插入和配置 STK 对象

STK 提供了一些常用的对象按钮,见表5.2。

表5.2　常用的对象按钮

图标	内容
(🚙)	车辆
(⛴)	轮船
(✈).	飞机
(🛰)	航天器
(◎,🛰,📶)	设备、位置
(🛰)	传感器

(1)点击 STK 浏览器的插入 STK 对象按钮(📶),窗口立即弹出图5.9所示结果。插入 STK 对象工具允许你选择任何左边对象和右边相应的插入方法之一。

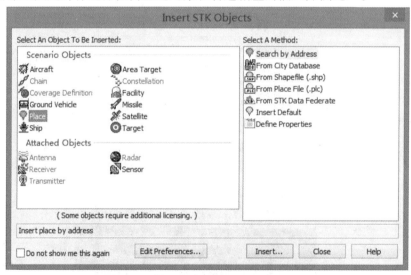

图 5.9　插入 STK 对象

(2)在地面一个特定点(如一个城市),插入地面设备。依次点击图 5.8 中的"Facility"→"Insert default"→ <kbd>Insert...</kbd> ,得到图 5.10 所示结果,3D 和 2D 界面出现地面设备图标(Facility)。

(3)在指定轨道插入卫星。依次点击图 5.9 中的"Satellite"→"Orbit Wizard"→ <kbd>Insert...</kbd> ,得到图 5.11 所示窗口,然后默认这些参数,得到图 5.12 所示的 3D 卫星界面图标(Satellite)。

再用类似方法,继续插入传感器,得到图 5.12 所示的结果。

图 5.10　插入地面设备"Facility"

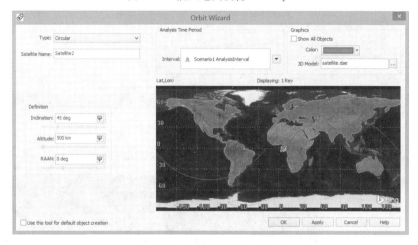

图 5.11　插入卫星"Satellite"

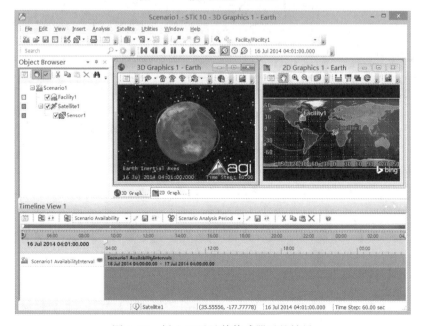

图 5.12　插入卫星及其传感器后的结果

（4）插入飞机，然后定义飞行属性。设计步骤如图 5.13 ~ 图 5.15 所示。

图 5.13　插入飞机

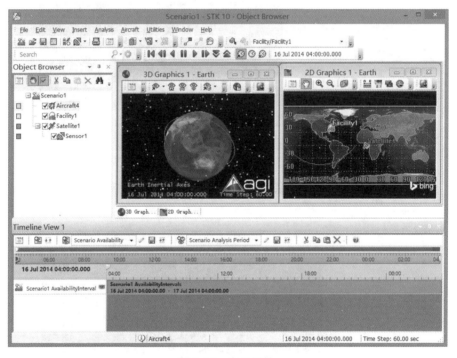

图 5.14　定义属性

（5）浏览场景。将 3D 窗口作为中心窗口，点击鼠标右键，然后再在浏览器中选择"Zoom T"。运行(▶)之前，为了减少时间步数，先运行 (▼)。如果看不见对象，可以点击(◀◀)进行复位。利用(🎥)按钮，使得 3D 窗口返回到观察主页。

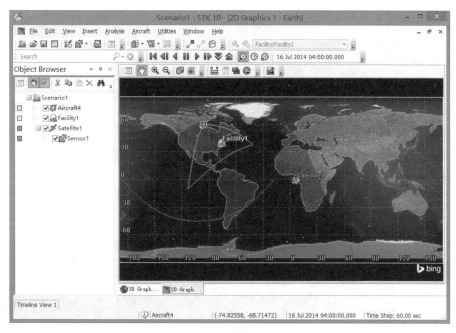

图 5.15　确定飞机的飞行轨迹

5.4　3D 对象的编辑

5.4.1　STK 3D 对象编辑工具栏

在 3D 窗口中,3D 对象编辑工具栏运行用户直接编辑对象的位置,表 5.3 给出了可以编辑的对象。

表 5.3　运行编辑的对象

图标	内容
(🚐)	车辆
(⚓)	轮船
(🛩)	飞机
(🛰)	航天器
(♀)	位置
(◎)	区域目标
(🏛)	设备
(◉)	目标

3D 对象编辑工具栏有 3 个控件:

(1)对象选择按钮: Target/Target1　。

（2）对象编辑开始按钮（）和接受按钮（）。

（3）取消编辑按钮（）。

5.4.2　3D 对象编辑工具

1. 修改一个静止的对象

插入一个新的目标（），旋转 3D 图形窗口，再选择 Target/Target1 ，然后点击对象编辑开始按钮（），开始对象编辑。按住"Shift"，直接确定 3D 图形窗口的对象位置，最后点击接受按钮（）。图 5.16 给出了静止对象的修改过程的一个画面。

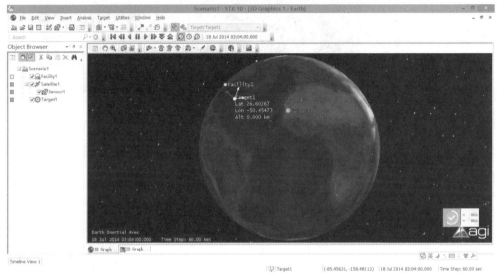

图 5.16　静止对象的修改过程的一个画面

2. 修改运动目标

插入一个飞机（），旋转 3D 图形窗口，再选择 Aircraft/Aircraft2 ，然后点击对象编辑开始按钮（），开始对象编辑。按住"Shift"，直接确定 3D 图形窗口的对象位置，每个路标点在 3D 图形窗口中都是高亮状态；按照图 5.17 所示的方法，增加、修改或直接删除高亮路标；修改完毕后点击接受按钮（）。图 5.18 给出了运动对象的修改过程的一个画面。

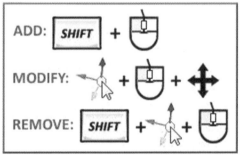

图 5.17　在 3D 图形窗口中添加、修改或删除路标的方法

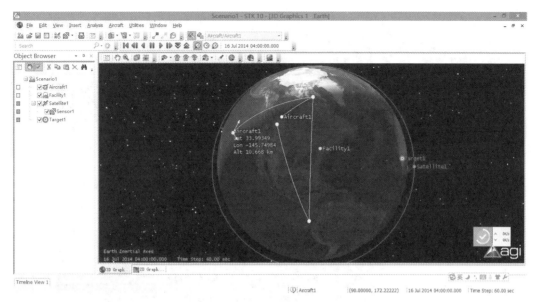

图 5.18 对象修改过程的一个画面

5.5 范例与实践

5.5.1 问题示例

题目 1:建立一个场景,采用不同的方法插入三个对象:一个地点( )、一个地面设备( )、一个目标( )。

题目 2:插入移动对象(, ,),规划移动路径,经过前面的三个对象。

题目 3:插入一颗卫星( ),星下点轨迹经过前面的三个对象。

5.5.2 设计方法

题目 1:

(1)创建场景,然后插入地面设备( )。

(2)利用"Search Toolbar"插入地点 Philadelphia,PA( ),运行结果如图 5.19 所示。

(3)利用插入 STK 对象工具,插入 Washington,D. C. 最为目的地( ),操作过程如图 5.20 和图 5.21 所示。

题目 2:

(1)插入飞机( )。

(2)插入飞机航行路线。

方法 1:直接输入三个地点的经纬度。

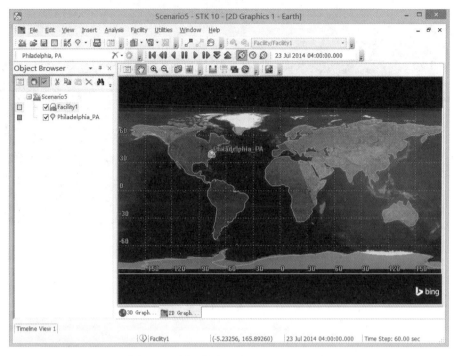

图 5.19   插入指定地点 Philadelphia_PA

图 5.20   利用地址 Washington，D.C. 进行搜索

方法 2：在 3D 编辑菜单中选择飞机（），然后点击开始编辑按钮（），选择一条飞机航线，再点击编辑接受按钮（）。最后场景结果如图 5.22 所示。

题目 3：

（1）鼠标点击 STK 对象工具（），插入卫星，然后选择"Orbit Wizard"（）。运行结果如图 5.23 所示。

（2）改变轨道类型为闪电轨道"Molniya"，设置远地点精度为"−75 deg"，设置轨道类型和参数。

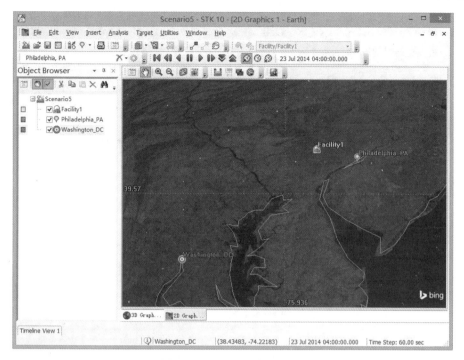

图 5.21　题目 1 的场景布局

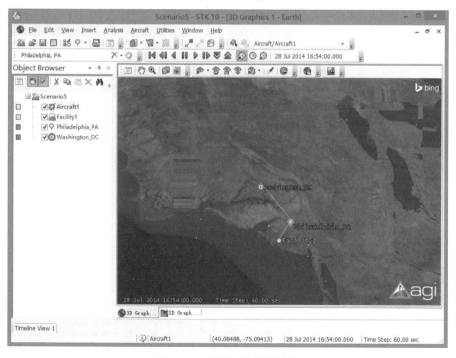

图 5.22　题目 2 的场景结果

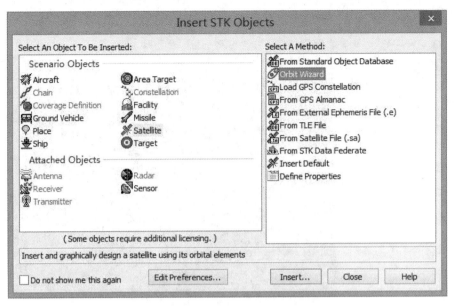

图 5.23　选择卫星轨道

第6章　任务分析仿真

6.1　对象属性

6.1.1　属性定义介绍

STK 对象的自定义属性可以可用于创建真实场景的模拟环境。在属性浏览器(📋)中，STK 对象的属性与可视化的窗口构成一个互动的整体，每一种类型的 STK 对象都有自己的属性集合，且分成 4 种个类型。

1. 对象的基本属性定义

(1)场景 (🏔️) 定义了全局选项(如时间间隔、单位、图形等)。

(2)位置，如地点(📍)、目标(◎)、装备 (🏠)可以按照位置定义。

(3)车辆是按照它们的运动(类型)和方向(姿态)进行定义。

①大弧度车辆,如飞机(✈️)、轮船(🚢)、车辆(🚐),按照路径和姿态定义。

②卫星(🛰️) 和导弹(🚀) 是按照轨道和姿态定义。

③STK 还允许按照运动的类型和方向输出数据(星历和姿态文件,与 ASCII 格式兼容)。

2. 对于 2D 图形

可以修改对象显示的通用属性,如:颜色、线型和记号。

3. 对于 3D 图形

可以修改对象显示的三维属性,如:AGI(∗.mdl) 和 COLLADA 模型、动态数据显示等。

4. "约束(Constraints)"定义条件

必须保证链接前的定义(几何关系、可视性、光照、RF 信号强度、时间设置)。

6.1.2　修改对象的属性

1. 改变一个运动对象的路线、轨道、姿态、颜色

鼠标点亮对象"Aircraft1",然后点击"(📋)",得到图 6.1 所示结果;再按照图 6.1 所示的步骤就可以改变对象的路线、轨道、姿态、颜色。

2. 改变一个对象的三维模型

鼠标点亮对象"Aircraft1",然后点击"(📋)",得到图 6.2 所示结果;再按照图 6.2 所

示的步骤就可以得到图 6.3 的窗口,再按照图 6.3 的选择方式,就可以改变对象的三维模型如图 6.4 所示。

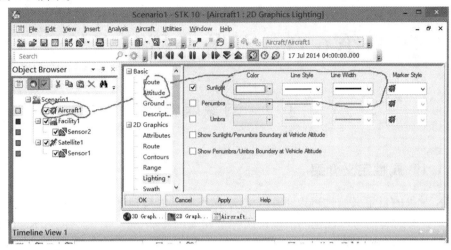

图 6.1　改变一个对象的路线、轨道、姿态、颜色的步骤

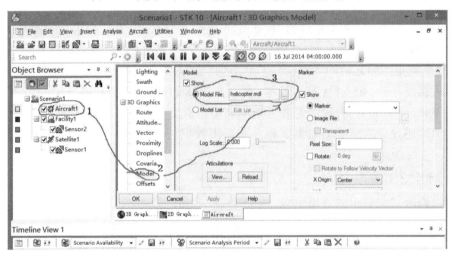

图 6.2　改变一个对象三维模型的步骤

3. 给对象添加太阳向量和体轴坐标

鼠标点亮对象"Aircraft1",然后点击"(📋)",得到图 6.5 所示窗口;再按照图 6.5 所示的步骤设置,就可以得到图 6.6 所示的结果。

4. 修改传感器(🔍)的可视角度或指向(设置锥半角为 45°,最大可视距离为 40 km)

依次点击主窗口"Sensor1"→"📋",得到图 6.7 所示窗口,修改锥半角从 45° 到 90°,得到图 6.8 所示的结果。

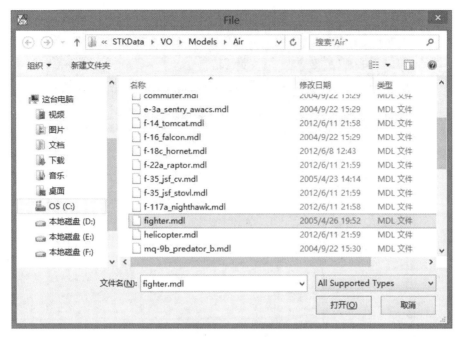

图 6.3 选择文件库中的三维模型

图 6.4 改变前(左)和改变后(右)的三维模型

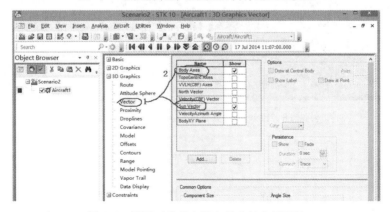

图 6.5 设置对象的太阳向量和轴向量属性

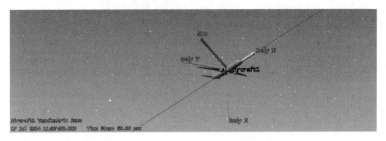

图 6.6　具有太阳向量和体轴向量的对象

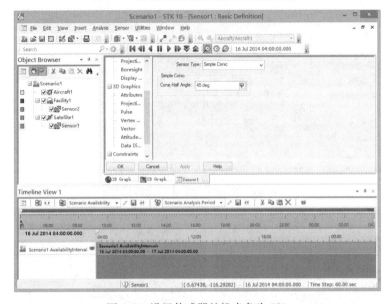

图 6.7　设置传感器的锥半角为 45°

图 6.8　设置传感器锥半角为 45° 和 90° 的结果

6.2 简单访问

6.2.1 访问的定义

访问可定义为从一个对象到另一个对象。但在 STK 中,计算对象与对象之间的可见性被称作访问(Access 🔲)。

STK 将根据它们的属性和约束计算一个对象"看到"另一个对象的时间,此外,访问工具提供了链接报告、图形和时间表等。

注意:如果改变任何访问对象,访问会自动重新计算。

6.2.2 地面位置的访问计算

(1)打开访问工具(🔲),选择地面位置的传感器(🖼)作为访问对象的起点,如图6.9所示。

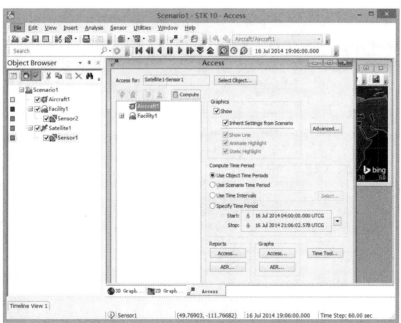

图6.9 选择一个传感器作为访问对象的起点

(2)选择一个运动对象(🖼 , 🛰 , 🚀),作为访问对象的终点,然后点击计算按钮(Compute)。之后再生产访问报告 (🔲),如图 6.10 所示。

(3)在图 6.10 报告中,右键点击访问开始时间,展开开始时间菜单,选择设置动画选项,如图6.11 所示。

(4)再回到 3D 窗口,寻找对象间的访问连线,创建一个新的存储窗口(🏠),如图6.12所示。

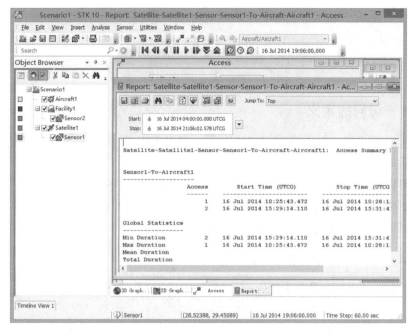

图 6.10　访问的计算结果

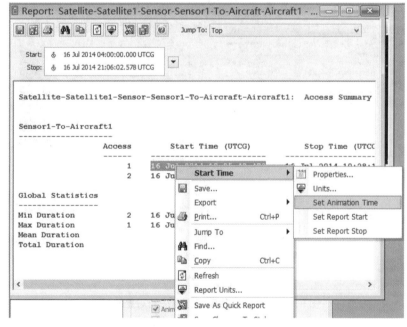

图 6.11　选择设置动画选项

（5）快速保存报告（），利用访问工具创建 AER 报告，如图 6.13 所示。

（6）在时间轴视图处，点击鼠标右键，选择添加时间组件"Add Time Components"，如图 6.14 所示。

（7）添加访问时间间隔（）到时间轴视图，如图 6.15 所示。

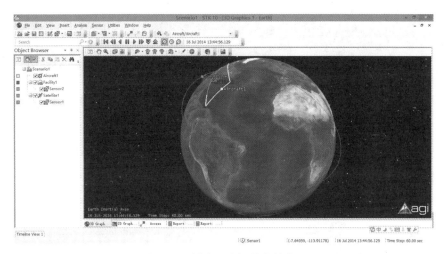

图 6.12　创建一个新的存储窗口

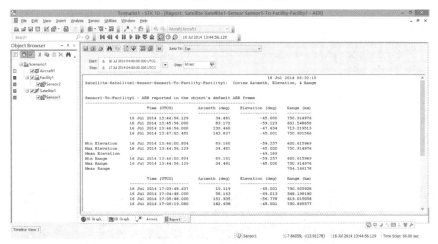

图 6.13　创建 AER 报告

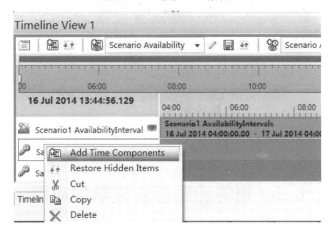

图 6.14　添加时间组件"Add Time Components"

（8）点击（▶）场景和观看访问时间间隔的开始和结束，如图 6.16 所示。

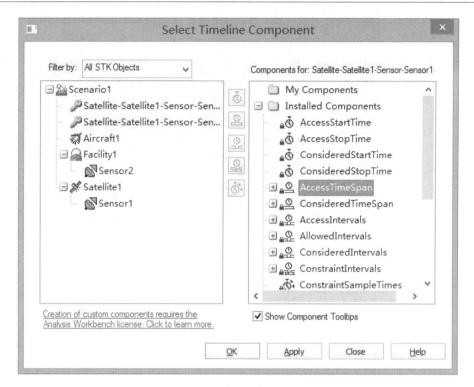

图 6.15　添加访问时间间隔

图 6.16　观看访问时间间隔的开始和结束

6.3　报告和图形管理器的应用

每个 STK 对象(包括访问)都有数百名相关联的数据列表,来支撑 STK 的自动计算。报告和图形管理器允许用户采用常用的数据列表(被称为"安装风格")快速生成报表或图表。

生成报告和图表后,有各种各样的工具栏图标,允许用户管理自己的数据(修改单位、设置动画时间、保存快速报告、另存为 txt 或 a ＊. csv 格式的文件等等)。

6.3.1 报告和图形

1. 为一个移动对象创建一个 LLA 位置报告

鼠标右键点击"Satellite"图标,会出现图 6.17 所示界面。然后鼠标左键点击"Report & Graph Manager",则得到图 6.18 所示界面。

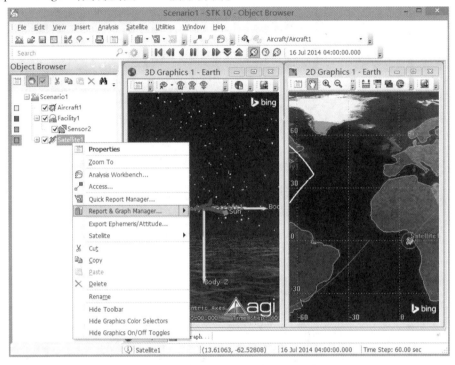

图 6.17 进入报告与图形管理器

按照图 6.18 所给出的步骤,就可以创建一颗卫星的 LLA 位置报告,创建结果如图 6.19所示。

2. 为一个移动对象创建一个 LLA 位置图形

鼠标右键点击"Satellite"图标,会出现图 6.17 所示界面。然后鼠标左键点击"Report & Graph Manager",则得到图 6.18 所示界面。然后按照图 6.20 所示的步骤进行操作。就可以得到图 6.21 的卫星 LLA 位置图形。

此外,STK 还提供了更多的任务分析功能,如可以为移动对象(称为定制报告)创建一个新报告的风格(▨)、添加笛卡儿的位置数据到报告的内容中、改变报告的单位、保存自定义制报告或图表作为快速报告或图表(▨)等等。下面仅就如何保存自定义制报告或图表作为快速报告或图表的问题进行介绍。

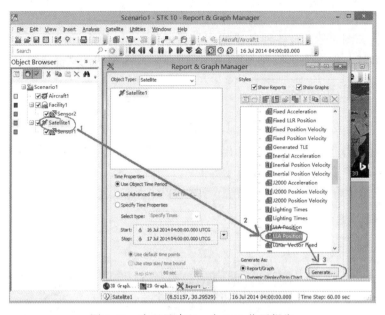

图 6.18 为卫星建立一个 LLA 位置报告

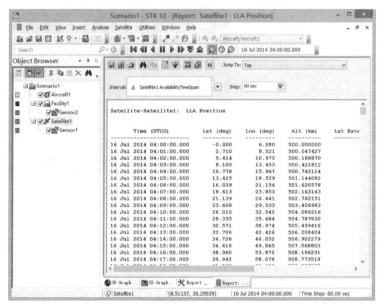

图 6.19 卫星的 LLA 位置报告

6.3.2 保存自定义报告或图表作为快速报告或图表

鼠标右键点击"Satellite"图标,会出现图 6.17 所示界面。然后鼠标左键点击"Report & Graph Manager",则得到图 6.18 所示界面。在图 6.18 界面中,按照图 6.22 的操作方法进行拷贝和复制,最后再给快速报告更名为"Custom LLA Report",具体操作如图 6.23 ~ 图 6.25 所示。

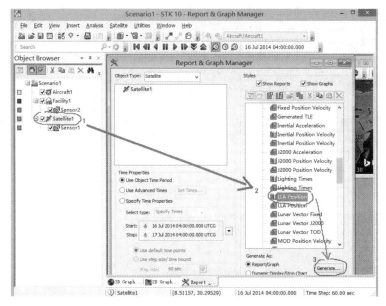

图 6.20　为卫星建立一个 LLA 位置图形

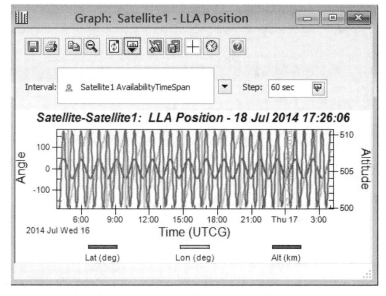

图 6.21　卫星的 LLA 位置图形

自定义报告数据显示：

将鼠标移到"Custom LLA Report"图标上,然后点击鼠标左键,即可观测浏览自定义的报告,如图 6.26 所示。

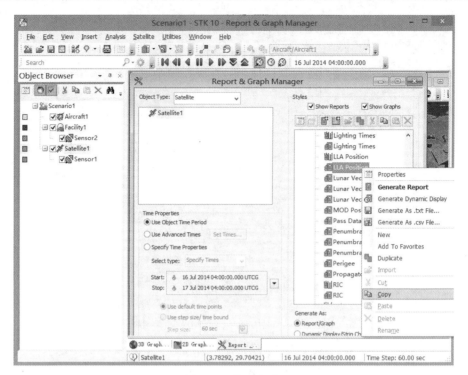

图 6.22　拷贝报告

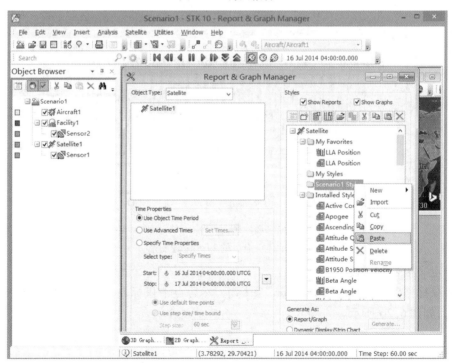

图 6.23　粘贴报告到场景目录

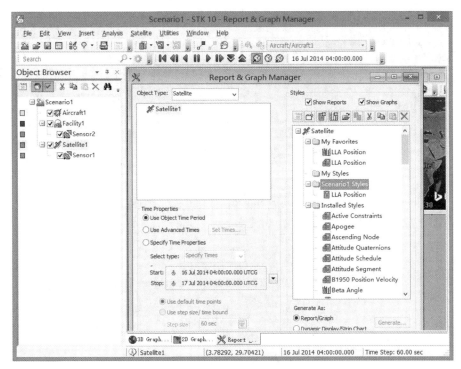

图 6.24 粘贴完成

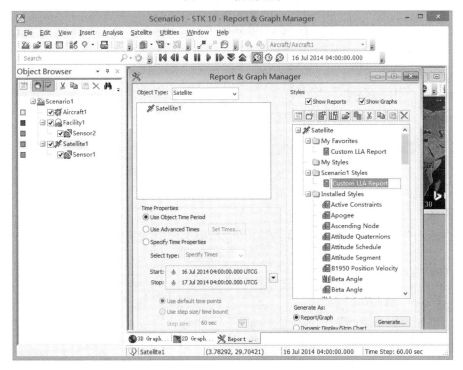

图 6.25 为快速报告更名

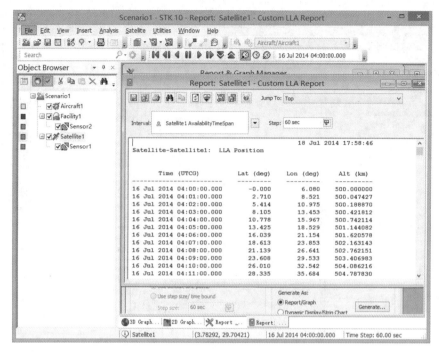

图 6.26　自定义的 LLA 报告

6.4　范例与实践

6.4.1　问题示例

题目 1：

在场景()中,修改运动物体的(, ,)颜色、线型、姿态和模型等。

题目 2：

(1)对地面设备(, ,),应用高度约束。

(2)插入飞机()和卫星()

(3)添加传感器()到飞机或卫星,让它指向右边的运动体

6.4.2　设计方法

题目 1：

(1)打开地面车辆()的属性()。

(2)选择"2D Graphics Attributes"栏目,如图 6.27 和图 6.28 所示。

(3)打开飞机()的属性()。

(4)选择"Basic – Attitude"栏目,将飞行器的姿态从地固系(ECF)转化到惯性系(ECI),如图 6.29 所示,转化后的效果如图 6.30 所示。

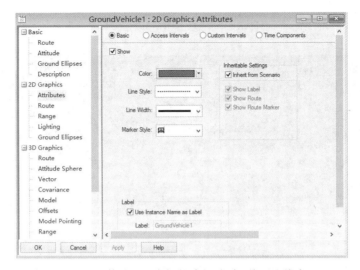

图 6.27　修改地面车辆的路径、颜色、线型和线宽

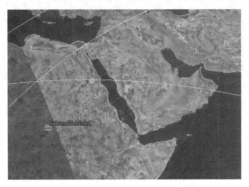

图 6.28　修改地面车辆属性的结果

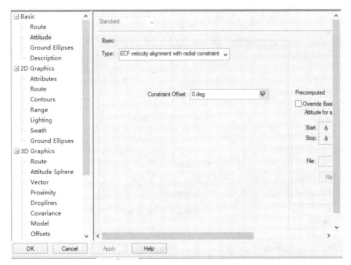

图 6.29　"Type"从"ECF⋯"到"ECI⋯"

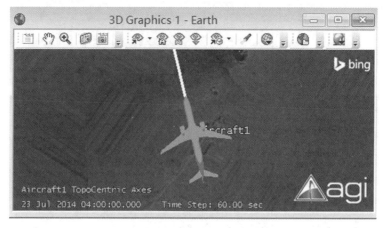

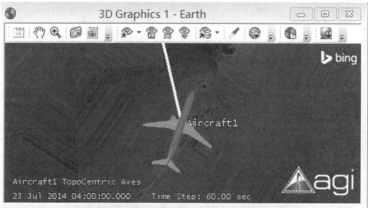

图 6.30　修改飞机属性的结果

（5）打开卫星（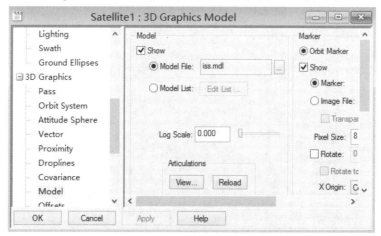）的属性（）。

（6）选择"3D Graphics – Model"栏目，如图 6.31 和图 6.32 所示。

图 6.31　改变"Model File"从"satellite. dae"到"iss. mdl"

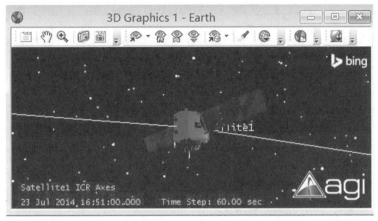

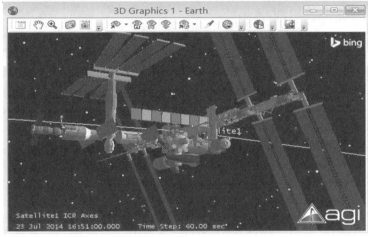

图 6.32　修改卫星模型的结果

题目 2：

(1)插入地面设备(, ,)。

(2)打开卫星( ) 属性 ( )。

(3)选择"Constraints － Basic"栏目。

(4)设置"Elevation Angle",如图 6.33 所示。

(5)插入一颗卫星,再在卫星下面插入一个传感器,按照下面要求设置属性：

Option：Value

Type：Simple Conic

Half Angle：35 deg

如图 6.34 所示。

(6)计算访问 ( ),从传感器( )到某一点 ( )。

(7)添加时间间隔。

(8)设置迭代时间为"Access Intervals",右击该选项,单击"Compute",如图 6.35 所示。

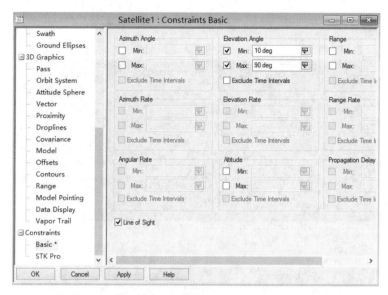

图 6.33　修改对象属性

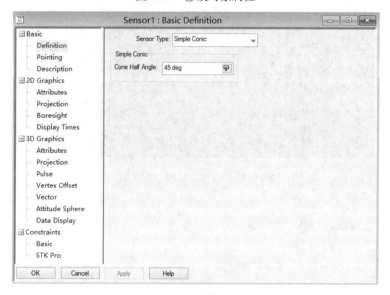

图 6.34　参数设置

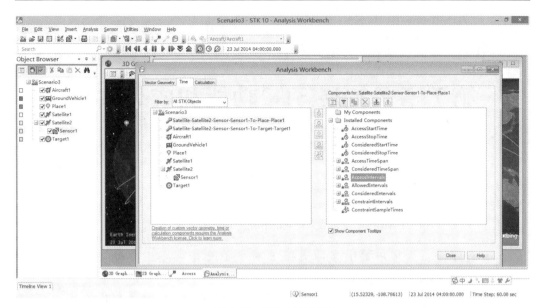

图 6.35　添加时间间隔

第 7 章　扩展 STK 功能和成果共享

7.1　扩展 STK 功能

7.1.1　"Object Model"模型和"Connect"模块

STK 程序接口为客户提供多种选择,STK 的 API 由两个主要模块组成:STK 的
"Object Model"模型和"Connect"模块。

"Connect"模块是一个图书馆字符串指令,最初的设计是按照在 TCP/IP 协议,可以
利用模块图书馆中的指令,容易地实现一些商业方面的应用。

"Object Model"模块面向对象接口,利用微软 COM 技术进行构造 。"Object Model"
模块主持自定义完成项目(即智能感知、Java 文档)和实时编辑调试,适合于软件开发。
此外,所有的指令都可由 STK 模块发送出去。

"Object Model"模块和"Connect"模块可以使用在各种环境下,如 . NET (Visual Bas-
ic, Visual C#等等), Java, Visual C++, Excel, MATLAB 和脚本语言(VBScript, JScript,
Perl, Python 等等。)

7.1.2　例子

(1)点击菜单工具栏的(HTML)按钮,进入 HTML 浏览器,如图 7.1 所示。

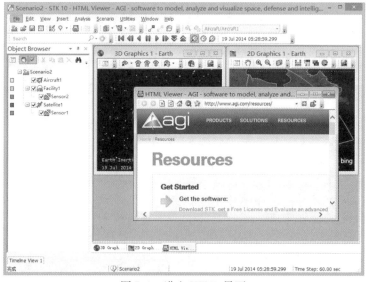

图 7.1　进入 HTML 界面

（2）在打开的界面,输入"star. agi. com/utility/API Demo. htm"如图 7.2 所示,进入"API Demo Utility",如图 7.3 所示。

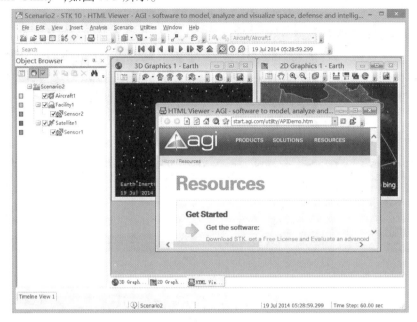

图 7.2　输入网址"star. agi. com/utility/API Demo. htm"

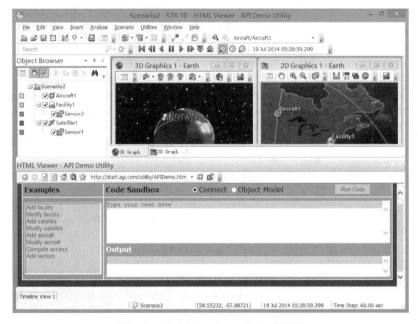

图 7.3　进入"API Demo Utility"界面

（3）利用熟悉的例子,体会 STK API。

①在"API Demo Utility"窗口中,选择"Connect"或"Object Model",如图 7.4 所示。

②点击"API Demo Utility"左边的例子,如图 7.5 所示。

③为了执行命令,点击"Run Code",如图 7.6 所示。

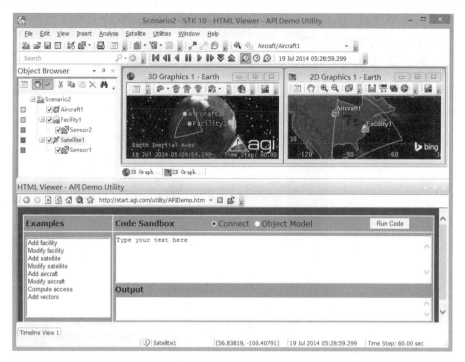

图 7.4　选择"Connect"

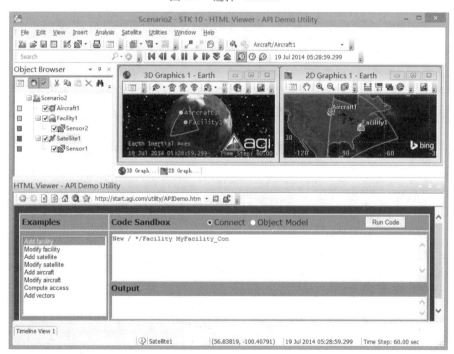

图 7.5　添加地面设备

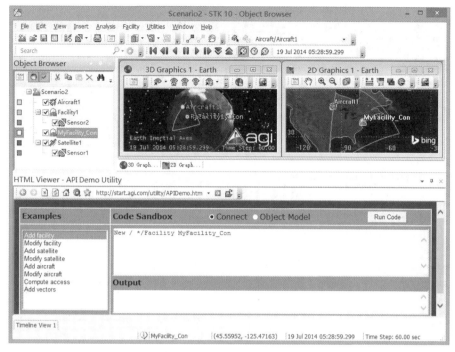

图 7.6　完成添加地面设备

7.2　成果共享

工作可以储存在自己的机器上,或者存储在基于 STK 数据库(SDF:STK Data Feder-ate)的服务网站上,每个对象以关联的文件和任何分析信息,被打包成一个文件,作为 Visual Data Files(VDF)存储,可以通过 STK 浏览器(STK Viewer)打开。

SDF 是一个数据管理系统,可以保证你的团队分享你的工作。SDF 提供了一个中央数据存储库,可以从内部访问 STK,通过标准文件加载和保存操作,并提供 STK 中搜索的能力和管理存储的数据。

注意:在"www.agi.com"网站上进行注册时,会得到一个 SDF 账号,但这点仅在中国境外适用。

7.2.1　另存 VDF 场景文档

1. 展开文件菜单和选择 VDF 设置工具

按照图 7.7 中,点击"File"→"VDF Setup…",则得到图 7.8 所示界面。

2. 保存 VDF 文件

在图 7.8 中,点击"Exclude Install Files"→"Create VDF",则得到界面如图 7.9 所示。

3. 保存 SDF 文件

展开文件菜单和选择" the Save to STK Data Federate",如图 7.10 所示。

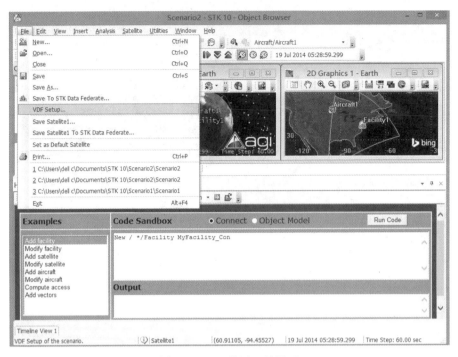

图 7.7　VDF 设置工具界面

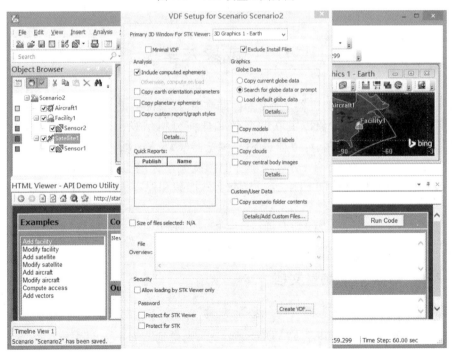

图 7.8　创建 VDF 文件

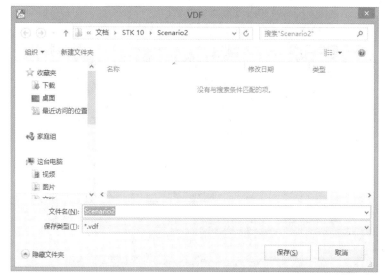

图 7.9　保存 VDF

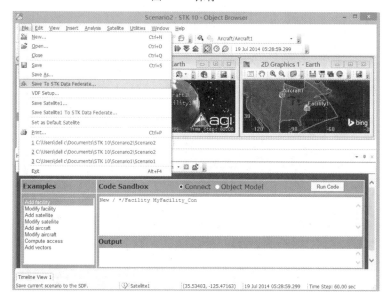

图 7.10　保存 SDF 文件

4.进入你的账号

在图 7.11 所示的窗口,进入你的账号,如果你没有账号,可以新注册账号。进入你的账号后,在图 7.12 窗口中,保存 VDF 文件。

5.保存场景

在图 7.13 所示的窗口,创建一个新的名为"wilsonwen"(自定义),并在用户目录下保存场景。

6.描述和修订

可以在图 7.14 所示的窗口中写出 SDF 文件概述描述和启用修订。

图 7.11　进入自己的账号

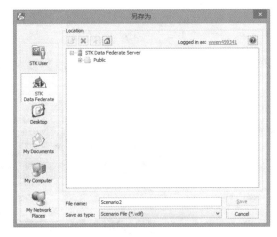

图 7.12　保存 VDF 文件

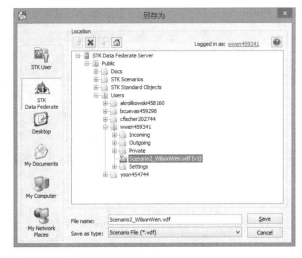

图 7.13　在用户目录下保存场景和另存 VDF 文件

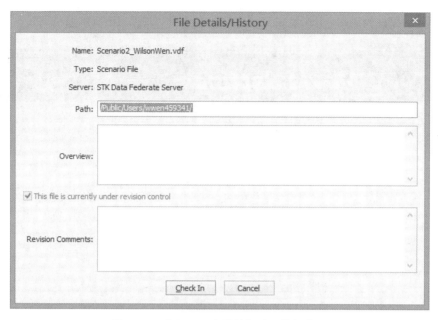

图 7.14 建立 SDF 文件的概述和修订窗口

7.2.2 电影时间轴线工具

动画可以描述一些复杂的概念和关系,帮助人们理解一些难理解的数据。电影时间轴线"Movie Timeline"可以供用户制作电影。

(1)点击鼠标右键,旋转"Add the Movie Timeline toolbar",在图 7.15 所示窗口,选择电影时间线。

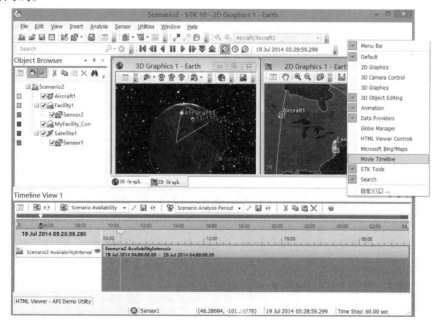

图 7.15 选择"Movie Timeline"

（2）移动鼠标到菜单栏目,点击纪录按钮(),得到图 7.16 所示窗口。

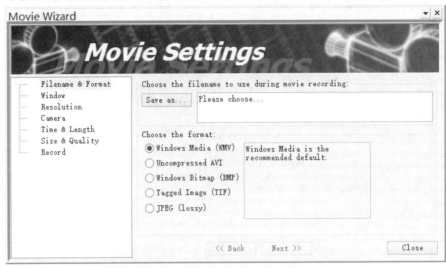

图 7.16　电影摄制窗口

（3）选择"Save as",得到图 7.17 所示的窗口。定义电影文件名字"Movie 01"。

图 7.17　定义电影文件名字

（4）然后进入图 7.18 所示窗口,选择 window 纪录的形式,这里选择"3D"形式。

（5）然后进入图 7.19 所示窗口,选择电影纪录的分辨率形式,这里选择"Medium"。

（6）然后进入图 7.20 所示窗口,选择相机。

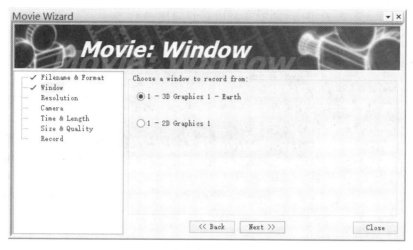

图 7.18　选择电影形式

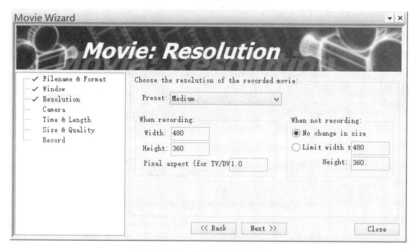

图 7.19　选择电影分辨率

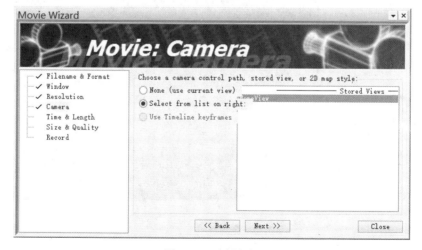

图 7.20　选择相机

（7）然后进入图 7.21 所示窗口，选择电影时间长度。

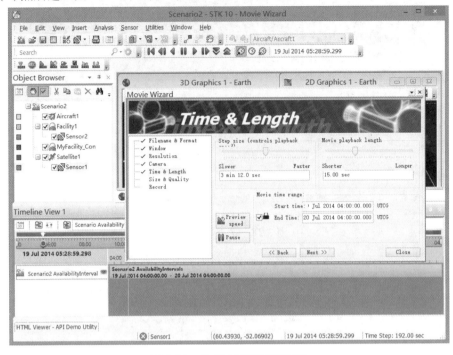

图 7.21　选择电影的时间长度

（8）然后进入图 7.22 所示窗口，选择电影规模。

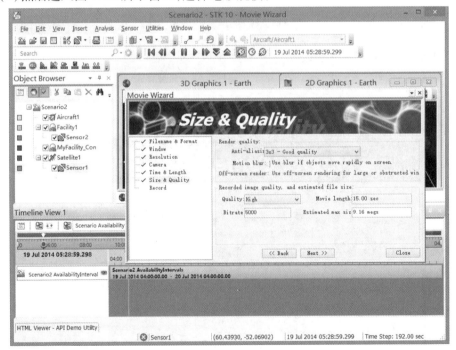

图 7.22　选择电影屏幕规模

（9）然后进入图 7.23 所示窗口，开始制作电影。

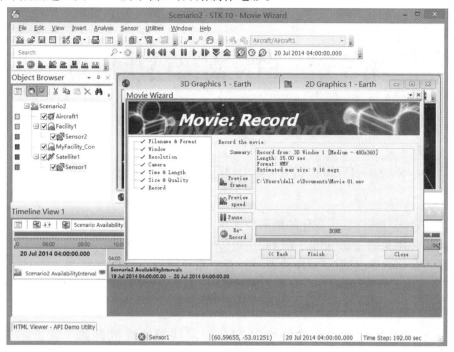

图 7.23　制作电影

第8章 STK 高级模块应用

STK 软件除基本模块外,还提供了一些高级模块(Pro),帮助用户提高分析精度。

8.1 应用 STK 高级模块开展高精度分析

(1)可使用分析性和可视化的地形数据建立基于运动和地理限制的模型;

(2)可使用自定义几何和向量定义高级传感器的视野和范围;

(3)可使用自定义的组、顺序或者"链"建立系统网络。

通过使用高级的访问约束,复杂传感器建模,多节点分析,以及更多的对象轨迹和数字地形数据,用户可以开展更多复杂的工作。

8.1.1 添加地形和图像模块确定其对视线能见度的影响

1.添加地形(Terrain)和图像(Imagery)模块

(1)场景建立。

创建一个新场景 Scenario( ),为新场景定义名称"STK_Pro",并定义场景的初始时刻和结束时刻(也可以使用场景创建系统默认的时刻)。

(2)添加分析地形(analytical Terrain)到场景中。

右击场景图标 ,并打开"Properties" 选项,选择 Basic 选项中的"Terrain"页面,点击"Add"按钮,在 C:\Program Files\AGI\STK 11\CodeSamples\SharedResources\Scenarios\ Events目录下找到"terrian"中的一个数据文件"hoquiam-e. dem",如图 8.1 所示,点击"Apply"按钮,并点击"OK"按钮完成"Terrain"文件的载入。

注意:如未找到所需文件,可能由于文件类型不正确,可更改文件类型,如图 8.2 所示。

(3)将地形数据文件类型转换为地形嵌入式文件类型。

点击"Utilities"菜单栏,并选择"Imagery and Terrain Coverter…"按钮,进入"Terrain Region"页面,在"Terrain Source"栏中,选择需要加载的"hoquiam-e. dem"文件,在"Output Data"栏中,选择输出文件的存放路径,并命名为"SaintHelens",如图 8.3 所示,点击"Convert"按钮进行文件类型转换,最后关闭该页面。

(4)在场景中对可视化地形(visual Terrian)展示进行设置。

点击"View"菜单中的"Globe Manager"按钮,得到如图 8.4 所示的工具栏。

点击" Add Terrain/Imagrey"( )按钮,在下拉菜单中设置转换路径,选中"SaintHelens. Pdtt"文件,如图 8.5 所示,点击"Open"按钮,完成设置。

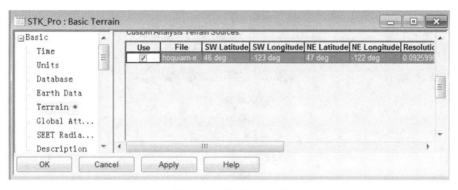

图 8.1 添加"Terrain"

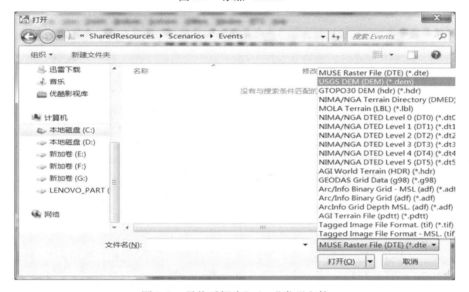

图 8.2 寻找后缀为".dem"类型文件

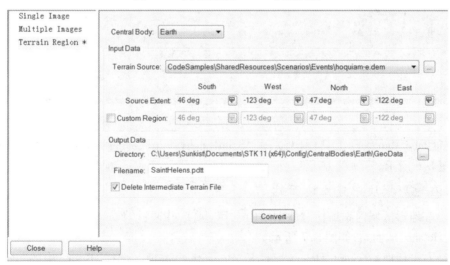

图 8.3 转换地形文件类型

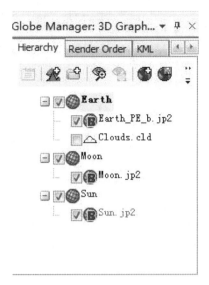

图 8.4   "Globe Manager"工具栏

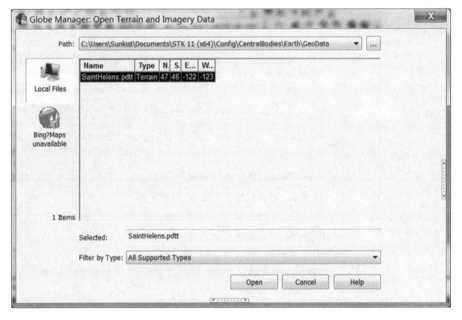

图 8.5   添加地形文件

在"Globe Manager"工具栏中,右击"SaintHelens. Pdtt",通过"Zoom To"进行地形观察,如图 8.6 所示。

2.在地形模块中建立地面站

(1)在地形区域内添加任意地面站( ),并通过"From City Database"来添加"Saint_Helens"地面站,如图 8.7 所示。

(2)右击地面站"Saint_Helens",打开"Properties"选项。选择"Basic"中的"Position"页面,在 Use terrain data 选项前打钩,如图 8.8 所示,点击"OK"按钮,并关闭页面设置。

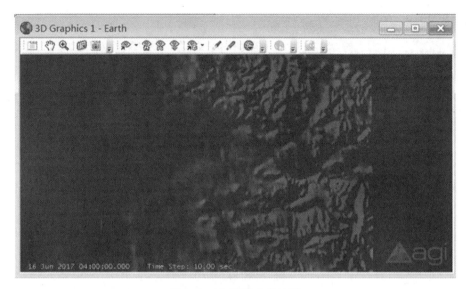

图 8.6　3D 图像中的地形

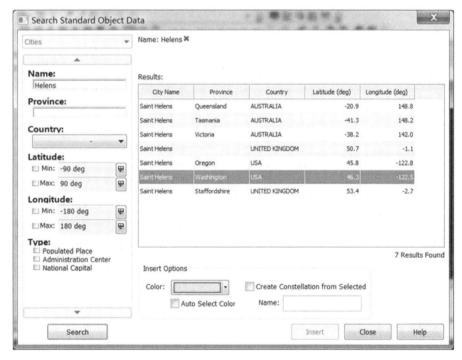

图 8.7　添加 Saint Helens 地面站

（3）右击地面站"Saint_Helens"，打开"Properties"选项。选择"Basic"中的"AzEL-Mask"页面，在下拉菜单中选择"Terrain Data"，并在"Use Mask for Access Constraint"选项前打钩，最后点击"OK"按钮并关闭页面，如图 8.9 所示。

（4）在 2D Graphics 中选择"AzMLMask"页面，在 At Range 中的"Show"选项前打钩，并设置最大显示路径为 10 km，最后点击"OK"按钮并关闭页面。此时，可以在 3D 页面中观察到地面站的视野情况，如图 8.10 所示。

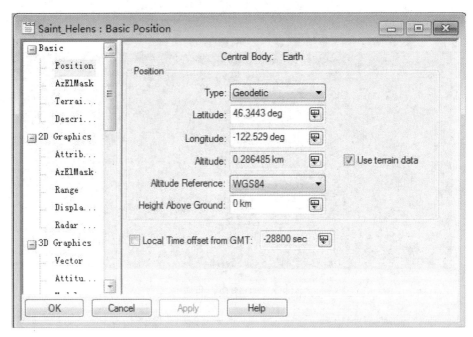

图 8.8　使地面站高度符合地形高度要求

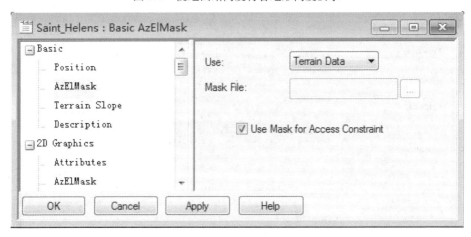

图 8.9　设置方位角/仰角遮罩对访问约束

3. 地形中的车辆对象设置

（1）点击"Insert Object"（▒）按钮,选择"Ground Vehicle"（▒）并通过"Define Properties"进行添加。

（2）确保车辆路线符合地形因素。

选择"Basic"中的"Route",选择"Terrain"作为高度参考,"Granularity"设置为0.01 km,选择"Terrain Height"作为插值方法,如图 8.11 所示。

（3）插入路线点。

在"Basic-Route"页面,点击"Insert Point"按钮 3 次,手动添加 3 个路线点的数据。将第一个路线点的数据设置为 Lat=46.24deg. Lon = -122.65deg;第二个路线点的数据设置为 Lat = 46. 30deg. Lon = −122. 50deg，第三个路线点的数据设置为 Lat = 46. 26deg. Lon = −122. 34deg，如图 8. 12 所示，设置完毕后点击"OK"按钮。

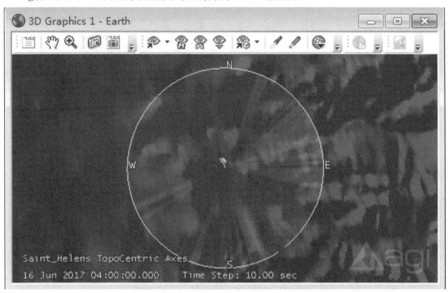

图 8. 10　3D 图像中地面站的视野

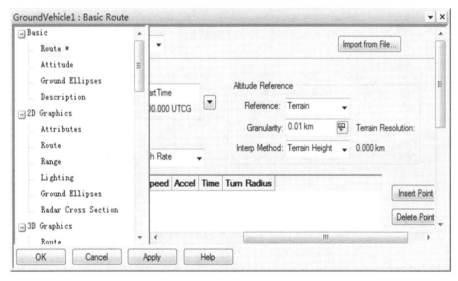

图 8. 11　确保车辆路线符合地形因素

4. 地形模块中的链路信息

(1)计算地面站和地面车辆的链路信息，并生成报告。

打开"Access"( )工具。在"Access"页面中，点击"Select Object…"按钮，并选择地面站"Saint_Helens"。选择地面车辆为链路目标对象，点击"Compute"按钮，然后点击"Reports"模块中的"Access…"按钮生成链路报告，如图 8. 13 所示。

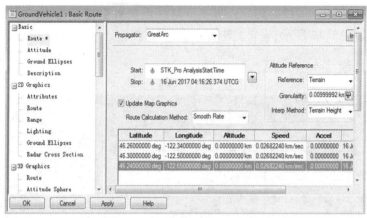

图 8.12　设置车辆路线点数据

（2）添加时间栏 Timeline View。

在"Timeline View"工具栏中，选择"Add Time Components"（ 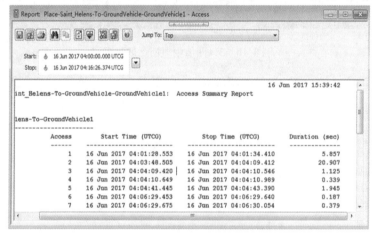 ）按钮；在左侧选择地面车辆🖥️后，在右边栏目中选择"AvailabilityTime Span"，如图 8.14 所示，点击"Apply"。

图 8.13　访问报告

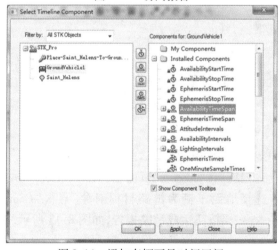

图 8.14　添加车辆可见时间区间

在左侧选择访问目标后,在右边栏目中选择"AccessIntervals",如图 8.15 所示,点击"OK"。

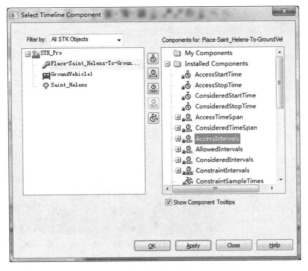

图 8.15　添加访问间隔时间区间

右击"AvailabilityTimeSpan"时间区间,选择"Center",如图 8.16 所示。

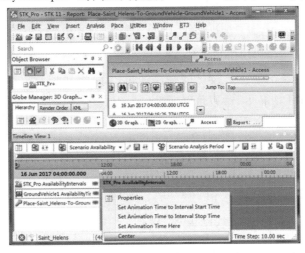

图 8.16　以"AvailabilityTimeSpan"为中心

(3)点击动画运行"Animate"(▶)按钮,这样就可以在 3D 图中观察地形中的链路信息的动态变化。

8.1.2　链对象的应用

用户可通过 STK 高级模块(Pro)定义连续的、多链路关系,从而建立系统网络结构。在 STK 软件中可以使用链对象(Chain)来模拟多跳通信链路。

1. 插入卫星对象

(1)点击"Insert Object"(🎛)按钮,选择"satellite"(🛰)并通过"Orbit Wizard"进行

添加。

（2）在"Type"的下拉菜单中选择"Geosynchronous"，并把"Definition"模块中的"Sub-satellite Point"项修改为"-90 deg"，如图8.17所示。

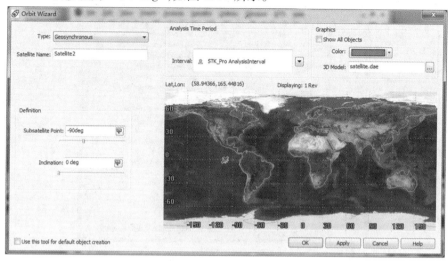

图8.17　添加卫星

2.使用链对象(🔗)模拟多跳通信链路

（1）通过"Insert Object"(📶)使用"Define Properties"的方法插入一个链对象(🔗)。

（2）选择"Basic"中的"Definition"一项。

（3）定义访问对象的顺序。按访问顺序通过(➡)按钮把对象移动到"Assigned Objects"中，在"Assigned Objects"中也可以通过(⬆)和(⬇)来调整顺序，最终顺序如图8.18所示，点击"OK"。

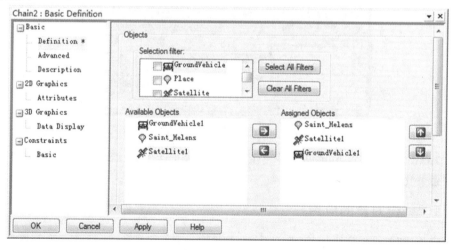

图8.18　访问顺序

3.计算访问

右击"Chain1"对象，选择"Chain"中的"Compute Accesses"，如图8.19所示。

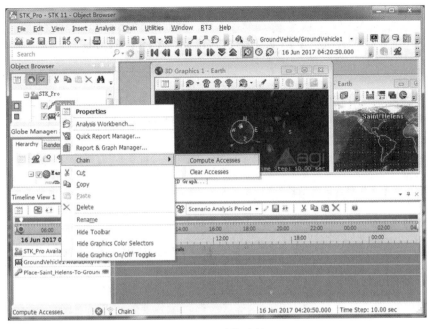

图 8.19　计算路径

4. 生成完整的链访问报告

(1) 右击"Chain1"对象,点击"Report&Graph Manager"。

(2) 在"styles"模块中选择"Installed Styles"中的"Complete Chain Access",如图 8.20 所示。

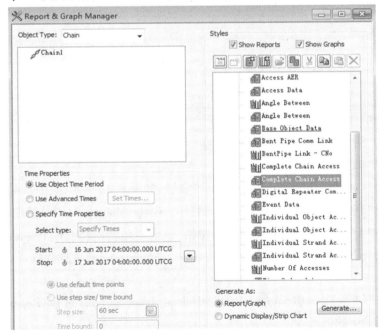

图 8.20　生成报告

(3) 点击"Generate"按钮生成。

8.2　从图像中创建 AzEl Mask

STK 中的 AzEl 方位角/仰角遮罩工具（AzEl Mask Tool）工具可生成静态物体遮蔽（static body masking）文件（.bmsk）。物体遮蔽（body masking）是指场景中传感器或其他对象的三维物体模型所造成的视线障碍。本章说明 BMSK 文件的制作过程，并利用其进行约束条件下的可视化计算。

8.2.1　AzEl Mask 工具

1.创建场景

创建一个新的场景，名字修改为"STK_SensorAzElMasking"，开始时间为默认时间，结束时间设定为 1 s，如图 8.21 所示。

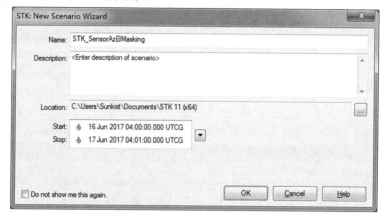

图 8.21　创建场景

2.添加可视化和分析地形

（1）右击"STK_SensorAzElMasking"（ ），选择"Properties"（ ）。

（2）选择"Basic"中的"Terrain"选项。

（3）取消"Use Terrain Server for analysis"设置，如图 8.22 所示，点击"OK"。

（4）选择"3D Graphics"窗口，点击工具栏中 "Globe Manager"（ ）按钮。

（5）点击"Add Terrain/Imagery"（ ）按钮，点击 按钮，找到"C：Program Files\AGI\STK 11\Help\stkTraining\Imagery"中的"StHelens_Training.pdtt"文件并打开，如图 8.23 所示。

（6）右击"Globe Manager"（ ）中的"StHelens_Training.pdtt"选择"Zoom To"，可近距离观察 3D 场景中的地形。

3.根据地形因素设置地面站

（1）使用"From City Database"的方法插入地面站"Morton，Washington"，如图 8.24 所示。

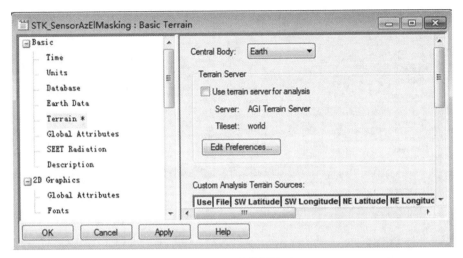

图 8.22　地形分析设置

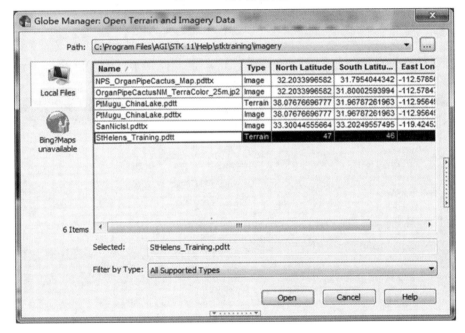

图 8.23　添加地形

（2）根据地形数据设置莫顿（Morton）地面站高度。右击"Morton"（ ）选择"Proper-ties"（ ），选择"Basic"中的"Position"选项。勾选"Use terrain data"选项，把"Height Above Ground"一项的数值修改为 20 ft（feet），如图 8.25，点击"Apply"。

（3）定义一个方位角/仰角遮罩，并将其用作访问约束

选择"Basic"中的"AzElMask"选项，"Use"一项选择成"Terrain Data"，勾选"Use Mask for Access Constraint"，如图 8.26 所示，点击"OK"。

图 8.24　插入地面站

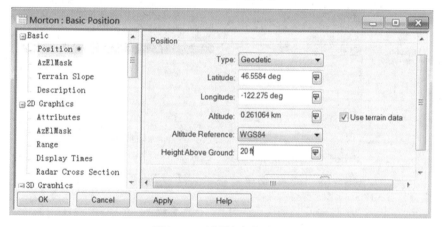

图 8.25　观测站高度设置

4. 在莫顿(Morton)地面站设置传感器

通过"Insert STK Objects"（🛰）使用"Insert Default"的方法插入"Sensor"（🖼），在"Select Object"窗口中选择"Morton"（💡）选项。点击"OK"，如图 8.27 所示，把传感器的名字修改为"SatTracker"。

5. 设置传感器使用父对象的 AzElMask 文件

（1）右击"SatTracker"（🖼）选择"Properties"（📑），选择"Basic"中的"Definition"，把"Sensor Type"一项选为"Complex Conic"，把"Half Angles"中的"Outer"修改为 180 deg，如图 8.28，点击"Apply"。

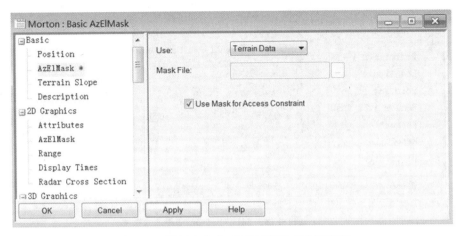

图 8.26　设置方位角/仰角遮罩用于访问约束

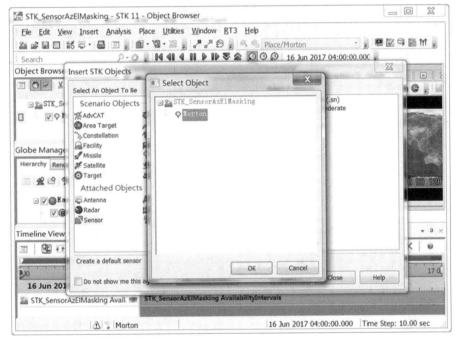

图 8.27　插入"Sensor"

（2）再选择"Constraints"中的"Basic"一项,在"AzEl Mask"前打钩,如图 8.29 所示,点击"Apply"。

6. 显示地形遮蔽

（1）选择"2D Grapgics"中的"Projection"选项,在"Field of View"模块中的"Use Constraints"一项前打钩,并且选择"AzElMask"一项,如图 8.30 所示,点击"Apply"。

（2）选择"3D Grapgics"中的"Projection"选项,把"Space Projection"一项修改为50 km,点击"OK",3D 图像如图 8.31 所示。

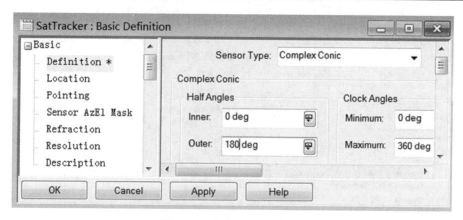

图 8.28　修改"Sensor"参数

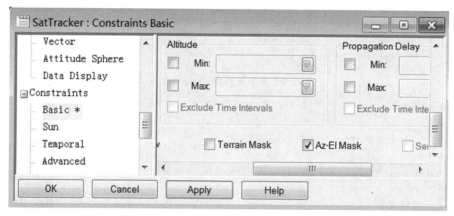

图 8.29　打开"AzEl Mask"

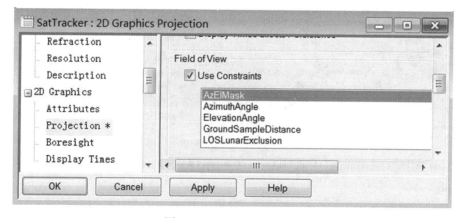

图 8.30　显示"AzElMask"

7. 设置模拟遮蔽物

通过"Insert STK Objects"（🖥）使用"Insert Default"的方法插入"Facility"（🏠），并把名字修改为"Building"。右击"Building"，点击"Properties"（📋），把"Latitude"和"Longitude"分别修改为 46.5583 deg 和−122.275 deg，如图 8.32 所示，点击"OK"。

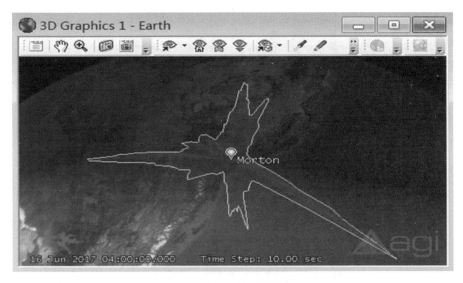

图 8.31　3D 图像

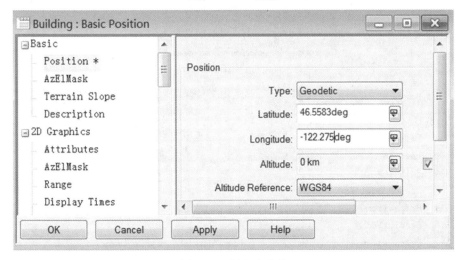

图 8.32　插入遮蔽物

8. 创建传感器的方位角/仰角遮罩

（1）右击"SatTracker"（<img>），选择"Sensor"中的"AzEl Mask"选项，

（2）在"Obscuring Objects"模块中选择"Building"，点击"File"对应的<img>按钮，把文件保存在存放数据的文件夹里，把名字修改为" MyBodyMask"。把"Window Dim"一项修改为 500，点击"Compute"，如图 8.33 所示，点击"Apply"。

9. 设置传感器计算访问过程中使用 body mask file（. bmsk）文件

右击"SatTracker"（<img>）选择"Properties"（<img>），选择"Basic"中的"Sensor AzEl Mask"，把"Use"修改为"MaskFile"，点击<img>按钮，选择"MyBodyMask"并打开，在"Use Mask for Access Constraint"前打钩，如图 8.34 所示，点击"Apply"。

图 8.33 计算遮蔽

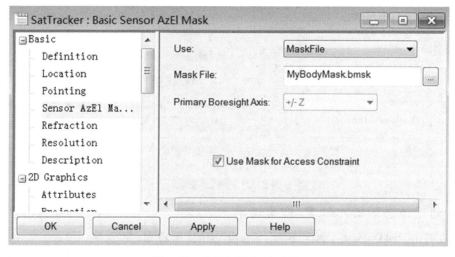

图 8.34 确保使用 bmsk 文件

10. 显示 body mask file 遮蔽

选择"2D Graphics"中的"Projection",在"Field of View"模块中使用"critl"键同时选中"SensorAzElMask"和"AzElMask",点击"OK",右击"Building"（ ），点击"Zoom to",得到3D 图像,如图 8.35 所示。

图 8.35　3D 图像

8.2.2　AzEl Mask 工具实例练习

在这一节中,将演示利用 AzEl Mask 工具建立一个 body mask(BMSK)文件的过程,并且将使用它来约束可见性计算分析。同时也可以在 3D 场景中形象化地展示本体遮蔽分析情况。

1. 创建情景

(1)创建场景,将其命名为"STK_AzElMaskExercise",如图 8.36 所示。

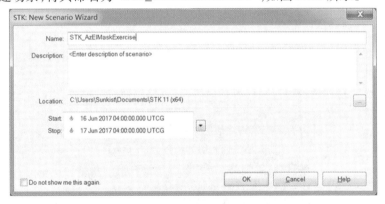

图 8.36　创建场景

(2)通过"Insert STK Objects"(🖧)使用"From Standard Object Database"的方法插入"Satellite"(🛰),搜索"IRIDIUM 10"卫星并点击"Insert",如图 8.37 所示。

(3)通过"Insert STK Objects"(🖧)使用"Insert Default"的方法插入"Ship"(⚓),然后通过"Insert STK Objects"(🖧)使用"Insert Default"的方法插入"Sensor"(📡),在"Select Object"中选择"Ship1",如图 8.38 所示,点击"OK"。

(4)右击"Ship1"(⚓),点击"Properties",选择"Basic"中的"Route"一项,然后在 2D 图像上用鼠标点击,可以自己定义相应的路线,如图 8.39 所示,然后返回点击"OK"。

(5)右击"Ship1"(⚓),点击"Zoom to"可以在 3D 图像中近距离看到船的模型。

133

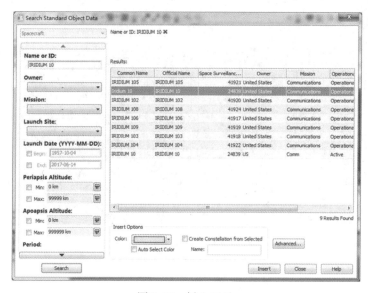

图 8.37　插入卫星

图 8.38　插入船和传感器(Sensor)

图 8.39　定义路线

（6）右击"Sensor1"，点击"Properties"，选择"Basic"中的"Location"，并把"Location Type"选择为"Fixed"。设置"X"为 0.04 km，"Z"为 0.01 km，如图 8.40 所示，点击"OK"，即可得到如图 8.41 所示的 3D 图像。

图 8.40　设置传感器位置

图 8.41　船上传感器的 3D 图像

2. 创建 BMSK 文件

（1）右击"Sensor1"，选择"Sensor"中的"AzEl Mask…"

（2）在"Obscuring Object"模块中选择"Ship1"，点击"File"对应的 ⋯ 按钮，把文件保存在存放数据的文件夹里，把名字修改为"SensorBMSK"，把"Window Dim"修改为 800，点击"Apply"，如图 8.42 所示，点击"Compute"，关闭窗口。

3. 在 3D 中显示遮蔽

（1）右击"Sensor1"（ ），点击"Properties"，选择"Basic"中的"Sensor AzEl Mask"选项，把"Use"一项修改为"MaskFile"，点击 ⋯ 按钮选择保存的 BMSK 文件，如图 8.43 所示，点击"Apply"。

图 8.42　MBSK 文件生成

图 8.43　设置使用 BMSK 文件

（2）点击"Constrains"中的"Basic"选项,勾选"Sensor AzEl Mask"项,如图 8.44 所示, 点击"OK"。

（3）右击"Sensor1"（），点击"Copy",右击"Ship"（）点击"Paste",右击 "Sensor2"（）,选择"Basic"中的"Definition"一项,把"Sensor Type"选为"Complex Conic",并把"Half Angles"中的"Outer"修改为 180deg,如图 8.45 所示,点击"Apply"。

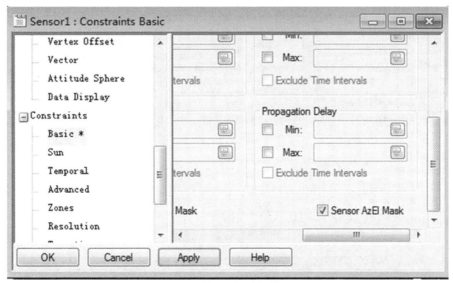

图 8.44　设置约束

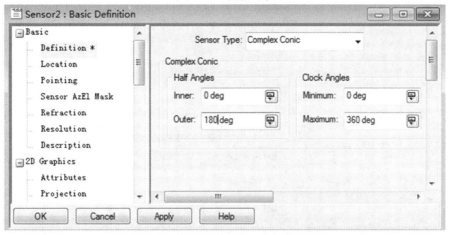

图 8.45　设置船上的另一传感器参数

（4）选择"2D Graphics"中的"Attributes"，修改"Color"为与"Sensor1"不同的颜色，如图 8.46 所示，点击"Apply"。

（5）选择"2D Graphics"中的"Projection"，把"Show Intersections"选为"None"，并在"Use Constraints"前打钩，在下方选择"SensorAzElMask"，如图 8.47 所示，点击"Apply"。

（6）选择"3D Graphics"中的"Projection"选项，把"Type"改为"None"，勾选"Use Extension Distance as Maximum"选项，并设置"Space Projection"为 35 m，如图 8.48 所示，点击"OK"。去掉"Sensor1"前的勾，得到 3D 图像如图 8.49 所示。

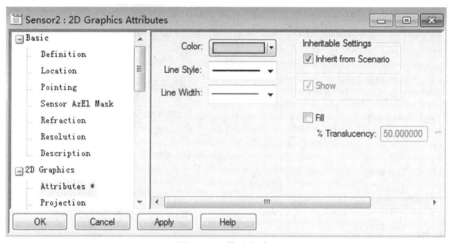

图 8.46　修改颜色

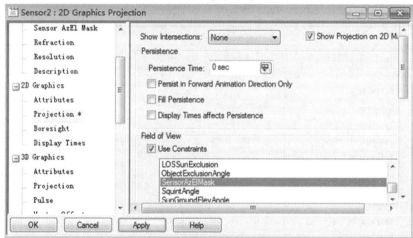

图 8.47　使用约束

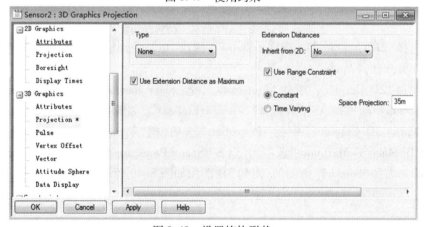

图 8.48　设置掩饰形状

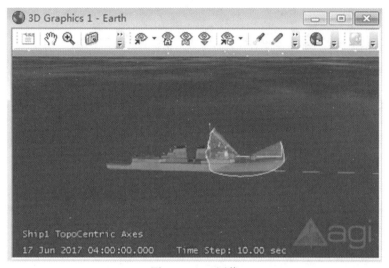

图 8.49　3D 图像

8.3　自定义分析

STK 软件提供了分析工作平台(Analysis Workbench),用户可以使用图形接口进行自定义几何,时间以及计算操作。通过点击相应按钮即可完成复杂的分析工作,如:

(1)模拟非标准系统组件。

(2)定义一些新的有效措施。

(3)在没有任何脚本的情况下创建新的自定义计算方式。

(4)触发基于时间、几何以及逻辑函数的事件。

时间(Time)、向量几何(Vector Geometry)以及计算(Calculation)工具不仅可以使 STK 软件更加的简化并且有序,同时还能大大增强软件的基本计算能力,本节将详细介绍这几种工具的使用方法。

8.3.1　向量几何工具

1.创建场景

创建一个新的场景,名字修改为"STK_AWB",时间使用默认时间,如图 8.50 所示,点击"OK"。

2.模拟地面站

使用"From City Database"的方法插入地面站"Saint Helens,Washington",如图 8.51 所示。

3.模拟飞机

通过"Insert Object"( )使用"Define Properties"的方法插入"Aircraft",并在 2D 图像中画出路线,如图 8.52 所示,点击"OK"。

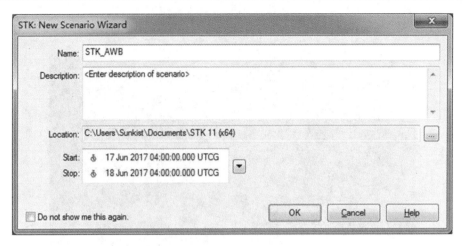

图 8.50　创建场景

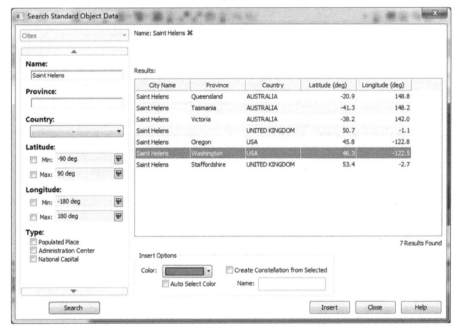

图 8.51　插入地面站

4. 计算访问

（1）点击"Access"（ ），点击"Select Object"按钮，选择"Aircraft1"作为"Access For"，点击"OK"。

（2）点击"Compute"，点击"Reports"模块中的"Access…"，如图 8.53 所示。

5. 创建向量

（1）点击"Analysis"（ ），选择"Vector Geometry"项，选择"Aircraft1"作为基准，点击"Create New Vector"（ ）

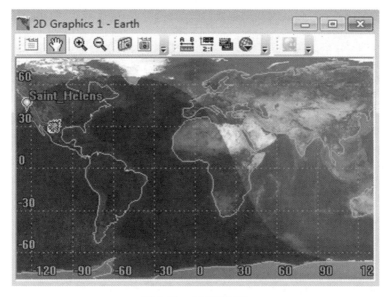

图 8.52 插入飞行器

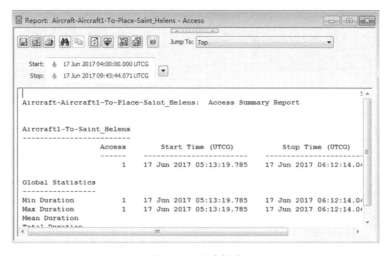

图 8.53 生成报告

（2）输入名字为"ToMtHelens"，点击"Origin Point"对应的（....）按钮，在左侧选择"Aircraft1"，在右侧选择"Center"，如图 8.54 所示。

（3）点击"Destination Point"对应的（....）按钮，在左侧选择"Saint_Helens"，在右侧选择"Center"，如图 8.55 所示，点击"OK"。

6. 创建角

（1）点击"Create New Angle"（ ）按钮，输入名字为"pointingAngle"，点击"From Vector"对应的（....）按钮，在左侧选择"Aircraft1"，在右侧选择"My Components"中的"ToMtHelens"，如图 8.56 所示。

（2）点击"To Vector"对应的（....）按钮，在左侧选择"Aircraft1"，在右侧选择"Body"中的"Z"，如图 8.57 所示，点击"OK"。

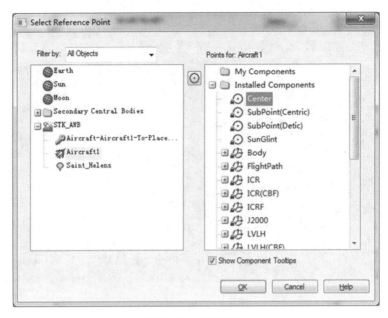

图 8.54　设置原点

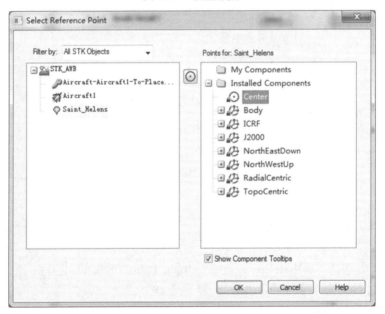

图 8.55　设置目标点

7. 显示自定义矢量

（1）右击"Aircraft1"，点击"Properties"，选择"3D Graphics"中的"Vector"选项，点击"Add…"按钮，同时选择"ToMtHelens"，"pointingAngle"和"Body"中的"Z"，如图 8.58 所示，点击"OK"。

（2）点击"Apply"，右击"Aircraft1"点击"Zoom to"，得到如图 8.59 所示的 3D 图像。

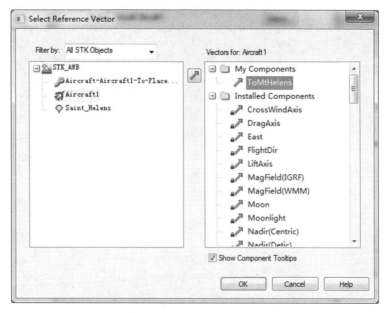

图 8.56　设置"From Vector"

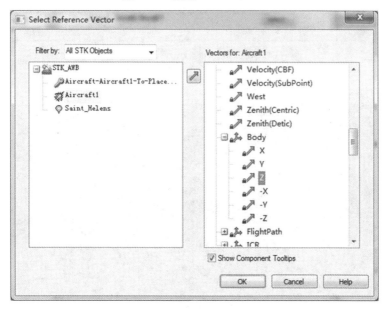

图 8.57　设置"To Vector"

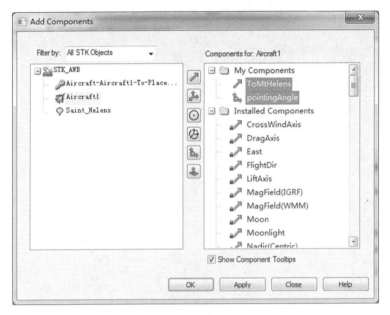

图 8.58　添加向量

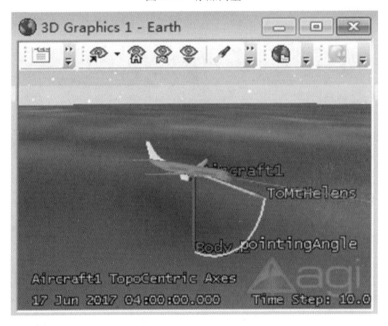

图 8.59　添加向量后的 3D 图像

8.3.2　计算工具

1.添加标量计算

（1）点击"Analysis Workbench"（🖳），选择"Calculation"选项，在左侧选择"Aircraft1"，然后点击"Create New Scalar Calculation"（🗒），把名字修改为"pointingAngleScalar"，点击"Input Angle"对应的（…）按钮，在左侧选择"Aircraft1"，在右侧选择"pointingAngle"，如图 8.60 所示。

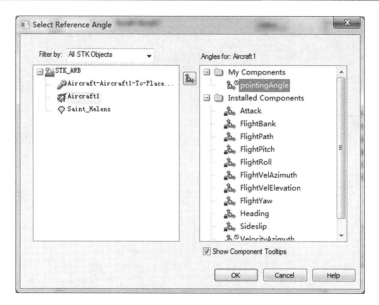

图 8.60 设置输入角

（2）点击"OK"，如图 8.61 所示。

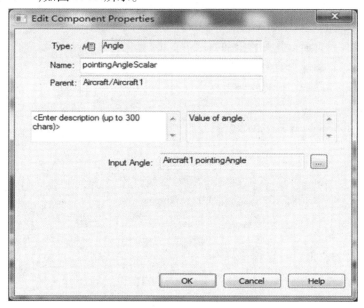

图 8.61 创建标量计算

2.添加条件

（1）在"Calculation"选项中，在左侧选择"Aircraft1"，点击"Create New Condition"
（▦），名字填写为"above80degrees"，点击"Scalar"对应的（…）按钮，在左侧选择
"Aircraft1"，在右侧选择"pointiongAngleScalar"，如图 8.62 所示，点击"OK"。

（2）把"Operation"一项修改为"Above Minimum"，把"Minimum"一项修改为 80deg，如
图 8.63 所示，点击"OK"。

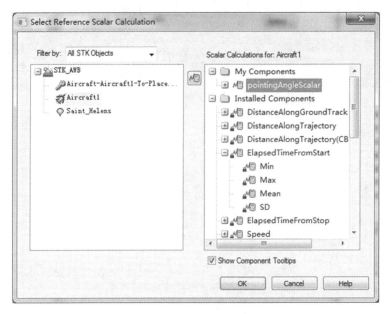

图 8.62 设置条件的标量基准

图 8.63 设置角度的最小值

3. 创建报告

（1）在"Calculation"选项中，右击"above80degrees"，选择"Report/Graph"，如图 8.64 所示。

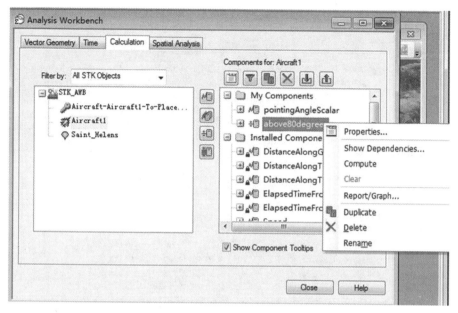

图 8.64　生成报告

（2）点击"Create Report"，生成报告。点击"Close"关闭"Calculation Report/Graph"窗口，生成报告结果如图 8.65 所示。

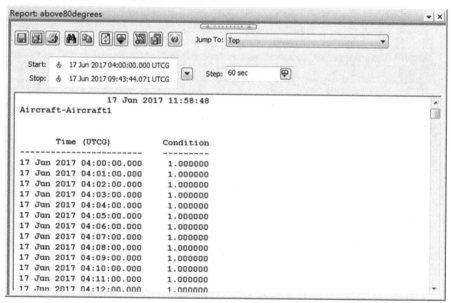

图 8.65　报告结果

4.条件添加到时间轴上

（1）点击菜单栏中的"View"，选择"Timeline View"，点击时间轴工具栏中的"Add Time Components"（▦），在左侧选择"Aircraft1"，在右侧选择"AvailabilityTimeSpan"，如图8.66 所示，点击"Apply"。

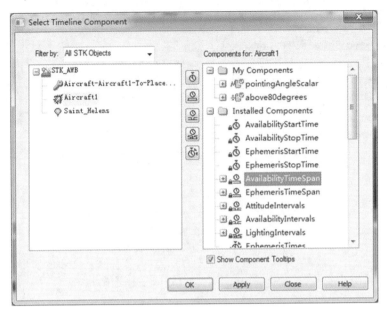

图 8.66　添加时间组件

（2）在"Aircraft"的时间轴上右击,点击"Center",如图 8.67 所示,可以滑动(▽)选择任意时间点。

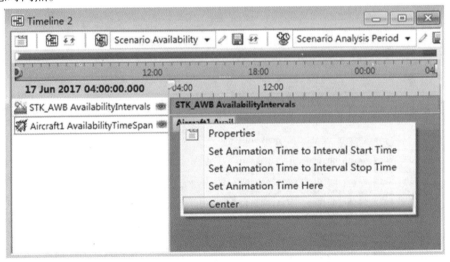

图 8.67　调整时间轴

8.3.3　时间工具

1.添加间隔列表

（1）点击"Analysis Workbench"(⬡),选择"Time"选项,在左侧选择"Aircraft1",点击"Create New Interval List"(⬡),"Type"选择为"Merged",名字填写为"visibilityTimes",点击"Intevals A"对应的(…)按钮,把"Filter"修改为"Access",在左侧选择"Aircraft-

Aircraft1‐To‐Place‐Sai···",在右侧选择"AccessIntervals",如图 8.68 所示,点击"OK"。

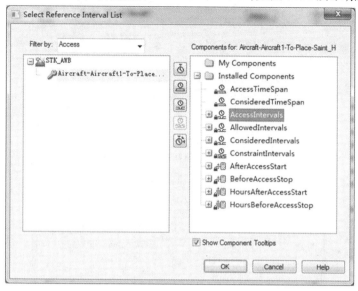

图 8.68　设置"Interval A"

(2)点击"Intevals B"对应的(...)按钮,在左侧选择"Aircraft1",在右侧选择 "above80degrees"中的"SatisfactionIntervals",如图 8.69 所示,点击"OK"。

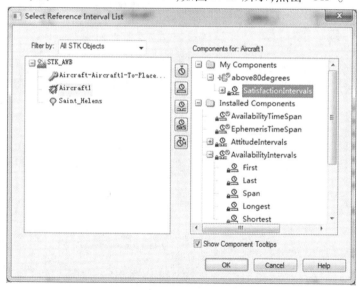

图 8.69　设置"Interval B"

(3)把"Operation"修改为"MINUS",如图 8.70 所示,点击"OK"。

2. 在时间轴中添加间隔

点击"Timeline View"工具栏中的"Add Time Components"( ),在左侧选择 "Aircraft1",在右侧选择"visibilityTimes",如图 8.71 所示,点击"OK"。

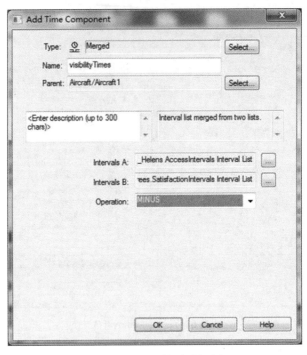

图 8.70　设置时间间隔列表

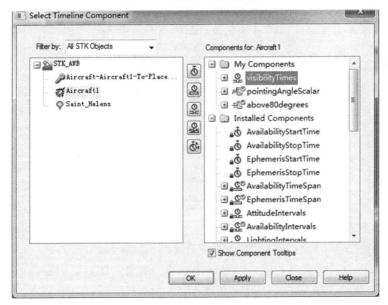

图 8.71　添加间隔

8.4　计算覆盖区

STK 覆盖模块(Coverage)可用于考虑各种可见性约束条件下的一个或多个覆盖资源(如飞行器、导弹以及卫星等)。覆盖分析结果基于覆盖区域内网格点的详细可见性计算,STK 根据用户指定的分辨率或用户指定每个点的位置生成这些网格点。覆盖模块还可分析由场景中一个或多个附加对象(如传感器等)提供的 STK 场景内单目标对象的覆盖。完成覆盖分析后,可生成图文报告直观地反映覆盖质量。

8.4.1　STK 覆盖模块

1.创建场景

创建一个新的场景,名字取为"STK_Coverage",时间为默认时间,如图 8.72 所示,点击"OK"。

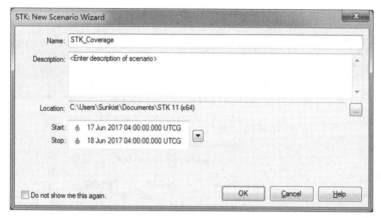

图 8.72　创建场景

2.模拟面积对象

(1)点击"Insert STK Objects"(　),在左侧选择"Area Target"(　),右侧选择"Select Countries and US States",如图 8.73 所示,点击"Insert"。

(2)在左侧选择"United_States",点击"Insert"。

3.模拟移动设备

(1)点击"Insert STK Objects"(　),在左侧选择"Satellite"(　),右侧选择"Define Properties",点击"Insert",点击"OK"。

(2)点击"Insert STK Objects"(　),在左侧选择"Aircraft"(　),右侧选择"Define Properties",点击"Insert",点击两次"Insert Point",修改点的纬度和经度,第一个点:"Latitude" = 39deg, "Longitude" = -120deg,第二个点:"Latitude" = 40deg, "Longitude" = -77deg,如图 8.74 所示,点击"OK"。

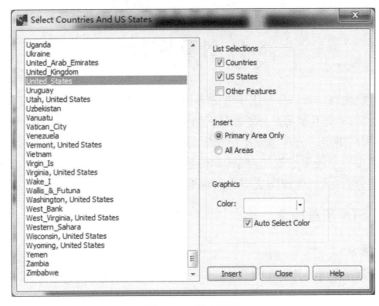

图 8.73　插入面积

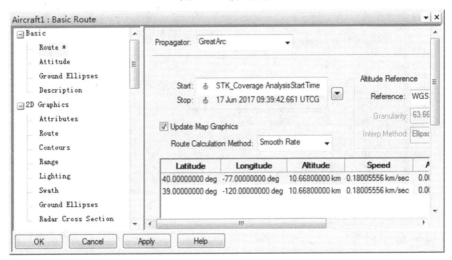

图 8.74　定义路线

4. 模拟传感器

点击"Insert STK Objects"（🗂），在左侧选择"Sensor"（📡），右侧选择"Insert Default"，点击"Insert"，选择"Aircraft1"，如图 8.75 所示，点击"OK"。

5. 插入范围定义

（1）点击"Insert STK Objects"（🗂），在左侧选择"Coverage Definition"（🛰），右侧选择"Define Properties"，点击"Insert"，点击"Basic"中的"Grid"，把"Type"修改为"Custom Regions"，点击"Select Regions"按钮，在左侧选择"United_States"，点击"Move"（➡）把"United_States"移到"Selected Regions"中，如图 8.76 所示，点击"OK"，点击"Apply"。

图 8.75　设置传感器

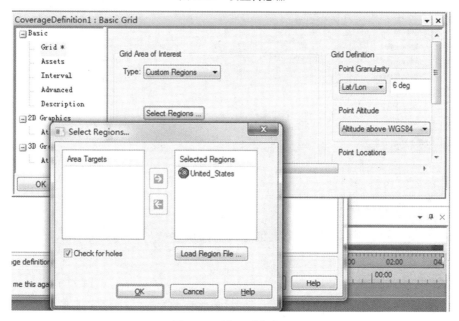

图 8.76　设置覆盖类型

（2）在"Point Granularity"模块中的"Lat/Lon"修改为 0.25deg,把"Point Altitude"中的选项修改为"Altitude above Terrain",如图 8.77 所示,点击"Apply"。

（3）选择"Basic"中的"Assets"选项,选择"Aircraft1",点击"Assign",如图 8.78 所示,点击"Apply"。

（4）选择"Basic"中的"Advanced",取消"Automatically Recompute Access"选项,点击"OK"。

（5）右击"Coverage Definition"（ ）,点击"CoverageDefinition"中的"compute Accesses",如图 8.79 所示。

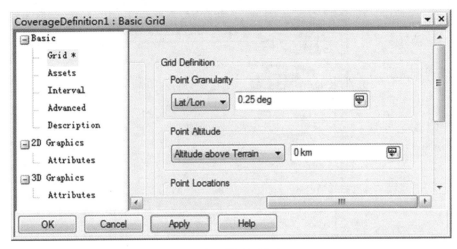

图 8.77 设置覆盖点

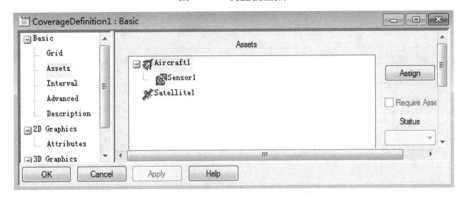

图 8.78 分配

8.4.2 覆盖质量评估

通过在关注的定制覆盖区对象上创建覆盖品质参数(FOM)对象(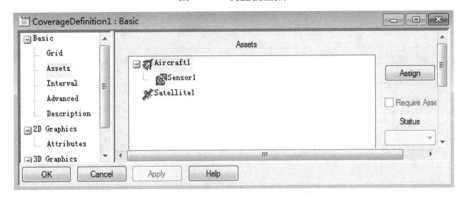),可以评估该区域的覆盖质量。

1. 创建覆盖率

(1)点击"Insert STK Objects"( ),在左侧选择"Figure of Merit"( ),在右侧选择"Insert Default",点击"Insert",在"Select Object"中选择"CoverageDefinition",如图 8.80 所示,点击"OK"。

(2)右击"Figure of Merit1"( ),点击"Rename"修改名字为"FOM_SimpleCoverage"。

(3)右击"FOM_SimpleCoverage"( ),点击"Properties",选择"2D Graphics"中的"Animation",取消掉"Show Animation Graphics"选项,如图 8.81 所示,点击"OK"。

(4)右击"FOM_SimpleCoverage"( ),点击"Report&Graph Manager",取消掉"Styles"模块中的"Show Graphs"选项,在下方选择"Percent Satisfied"一项,点击"Generate",结果如图 8.82 所示。

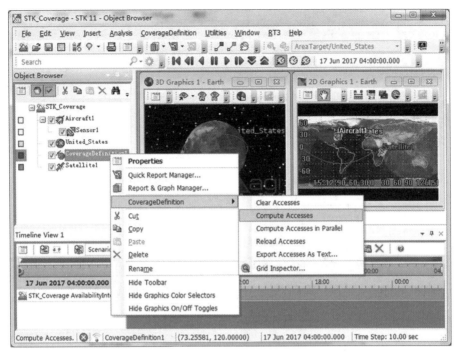

图 8.79　计算访问数据

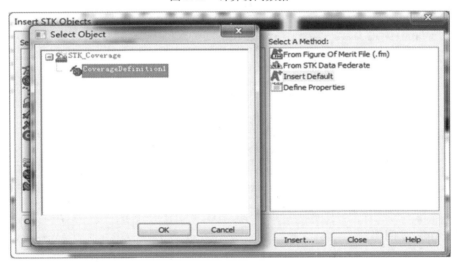

图 8.80　插入性能系数

（5）右击"FOM_SimpleCoverage"（　），点击"Properties"，选择"2D Graphics"中的
"Static"，取消掉"Show Static Graphics"选项，再选择"2D Graphics"中的"Animation"，选
上"Show Animation Graphics"选项，在"Accumulation"模块中的"Show"对应的一项选择为
"Up to Current Time"选项，如图 8.83 所示，点击"OK"。

（6）点击"Start"（　），可以看到网格覆盖。

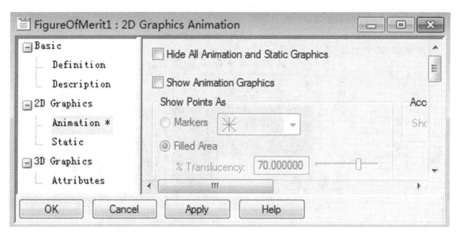

图 8.81　屏蔽动画图

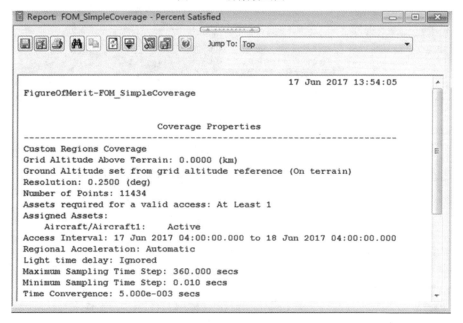

图 8.82　"Percent Satisfied"报告

2.创建访问数

（1）点击"Insert STK Objects"（🔗），在左侧选择"Figure Of Merit"（🅰），在右侧选择"Insert Default"，点击"Insert"，在"Select Object"中选择"CoverageDefinition"，点击"OK"。

（2）右击"Figure of Merit2"（🅰），点击"Rename"修改名字为"FOM_NumAccesses"。

（3）右击"FOM_Num Accesses"（🅰），点击"Properties"，选择"Basic"中的"Definition"，把"Type"一项修改为"Number of Accesses"，如图 8.84 所示，点击"Apply"。

（4）选择"2D Graphics"中的"Animation"，取消掉"Show Animation Graphics"一项，选择"2D Graphics"中的"Static"，在"Display Metric"模块中选择"Show Contours"选项，点击"Level Attributes"模块中的"Remove All"，在"Stop"中输入1，在"Step"中输入1，如图 8.85 所示，点击"OK"。

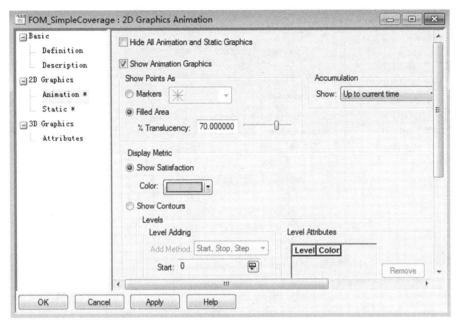

图 8.83　设置动画图

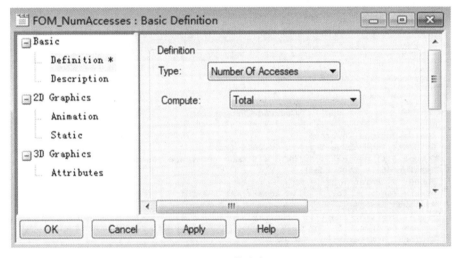

图 8.84　修改类型

（5）右击"FOM_Num Accesses"（ **A⁺** ），点击"Report&Graph Manager"，在"Styles"模块中选择"Grid Stats"一项，点击"Generate"，结果如图 8.86 所示。

（6）右击"FOM_Num Accesses"（ **A⁺** ），点击"Properties"，选择"2D Graphics"中的"Static"，取消掉"Show Static Graphics"选项，再选择"2D Graphics"中的"Animation"，选上"Show Animation Graphics"选项，在"Accumulation"模块中的"Show"对应的一项选择为"Up to Current Time"选项，勾选上"Show Contours"选项，如图 8.87 所示，点击"OK"。

（7）点击"Start"（ ▶ ），可以看到网格覆盖，如图 8.88 所示。

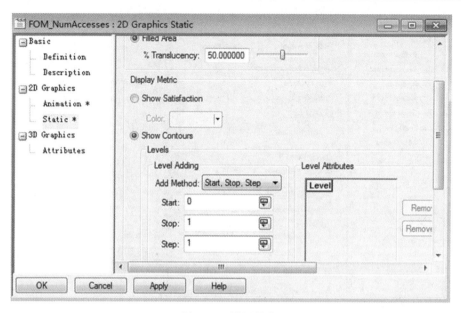

图 8.85　设置轮廓

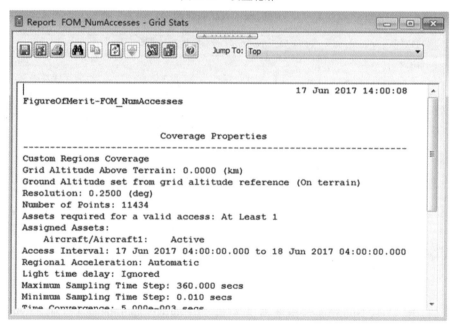

图 8.86　"Grid Stats"报告

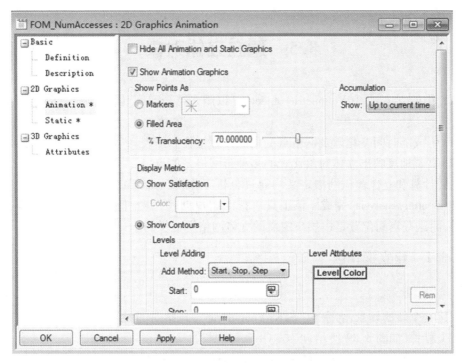

图 8.87　设置动画图和轮廓

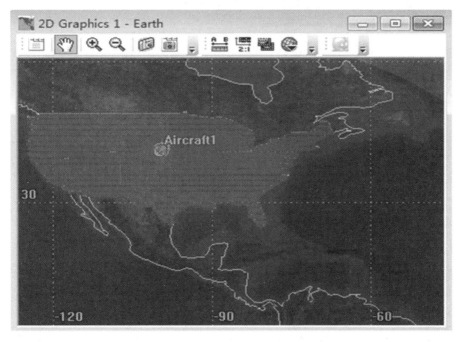

图 8.88　网格覆盖显示图

159

8.5 建立立体对象

STK 中的立体对象(Volumetric object)可以用来结合空间计算和网格体积,帮助用户实现。

(1)生成随时间变化以及网格点变化的计算报告和图表。

(2)直观地反映出立体对象代表的多种跨网格差值点。

空间计算和立体体积网格定义均通过分析工作台(Analysis Workbench)中的空间分析工具(Spatial Analysis)完成。该工具可帮助用户创建 3D 空间中位置的环境并进行计算分析,而这些空间位置是由用户定义的立体网格所提供的。

8.5.1 建立操作区

1.创建场景

创建一个新的场景,名字为"STK_Volumetric",开始时间设置为默认时间,结束时间设置为 1 秒钟,如图 8.89 所示,点击"OK"

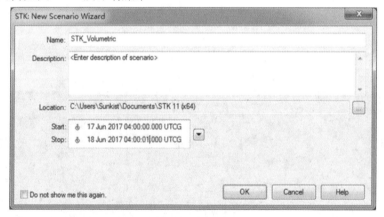

图 8.89 创建场景

2.添加地形

点击菜单栏的"View"中的"Globe Manager"( ),点击"Add Terrain/Imagery"( )按钮,点击( )按钮,找到 "C:\Program Files\AGI\STK 11\Help\stktraining\imagery"目录下的"StHelens_Training"并打开,如图 8.90 所示,点击"Open"。

3.设置操作区的范围

点击"Insert STK Objects"( ),在左侧选择"Area Target"( ),在右侧选择"Area Target Wizard"。把 "Area type"修改为 "Ellipse",设置 "Semi – Major Axis"和 "Semi – Minor Axis"均为 1 500 km,设置质心的"Latitude"为 46.6deg,"Longitude"为-122.3deg,如图 8.91 所示,点击"OK"。

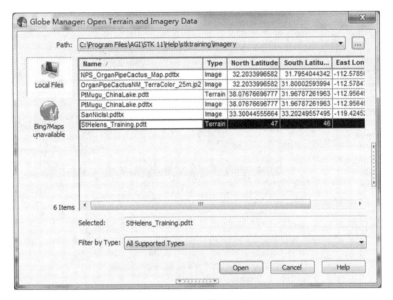

图 8.90 添加地形

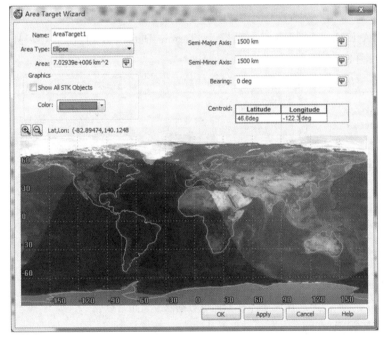

图 8.91 插入面积

4. 插入地面站

(1)点击"Insert STK Objects"(），在左侧选择"Place"（ ），在右侧选择"From City Database",搜索"Morton",选择"Morton,Washington"插入,如图 8.92 所示。

(2)右击"Morton"（ ）,点击"Properties",选择"Basic"中的"Position",把"Height Above Ground"一项修改为 20ft（注:修改高度是为了代表传感器的位置高度）。再选择

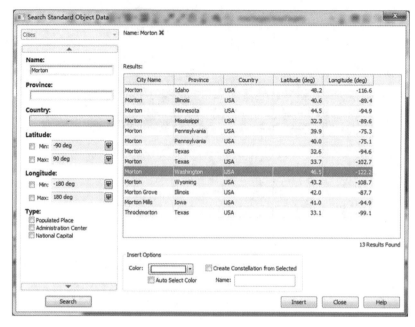

图 8.92　插入地面站

"Basic"中的"AzElMask"把"Use"一项选为"Terrain Data",并勾选上"Use Mask for Access Constraint",如图 8.93 所示,点击"OK"。

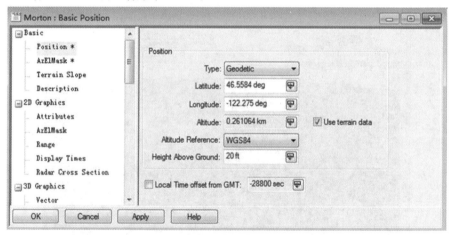

图 8.93　根据地形数据修改地面站参数

5.设置传感器

(1)点击"Insert STK Objects"(　),在左侧选择"Sensor"(　),在右侧选择"Insert Default",点击"Insert",选择"Morton"(　),如图 8.94 所示,点击"OK"。

(2)右击"Sensor1"(　),点击"Properties",选择"Basic"中的"Definition",把"Sensor type"一项修改为"Complex Conic",并把"Half Angles"中的"Outer"修改为180deg,如图 8.95 所示,点击"OK"。

(3)选择"Constraints"中的"Basic",勾选"Az-El Mask"选项,选择"2D Graphics"中的"Projection",勾选"Field of View"模块中的"Use Constraints"并且在下面选择"AzEl-

Mask"，选择"3D Graphics"中的"Projection"，修改"Space Projection"为 50 km，如图 8.96 所示，点击"OK"。得到如图 8.97 中的 3D 图像。

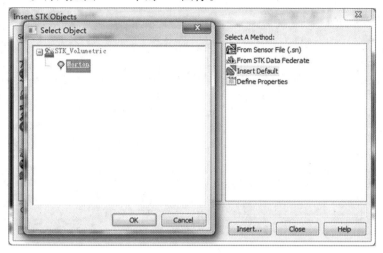

图 8.94　在地面站上添加传感器

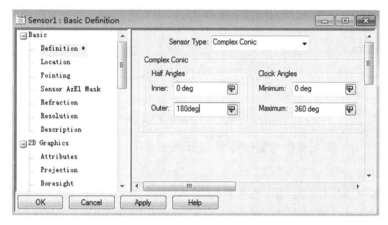

图 8.95　设置角度

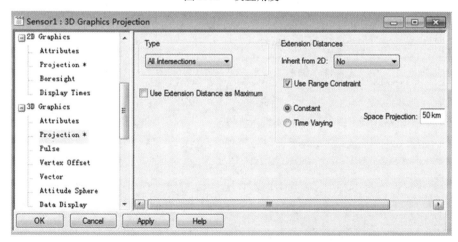

图 8.96　设置约束

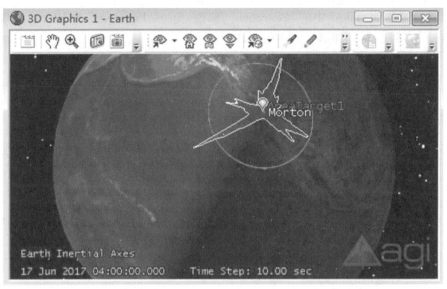

图 8.97　3D 图像

8.5.2　建立立体对象中的组成部分

1. 插入立体对象

点击"Insert STK Objects"（ ），在左侧选择"Volumetric"（ ），在右侧选择"Insert Default"，点击"Insert"。

2. 利用分析工作台（Analysis Workbench）创建区域的空间组件

（1）创建一个地图网格参考坐标系来约束区域范围。右击"AreaTarget1"（ ），点击"Analysis Workbench"（ Aircraft/Aircraft2 ），选择"Spatial Analysis"选项，点击"Create New Volume Grid"（ ）按钮，名字输入为"SimpleCartographic"，点击"Set Grid Values"按钮，修改"Altitude"模块中的"Minimum"为 160km，"Maximum"为 2000km，"Number of Steps"为 20，如图 8.98 所示，点击"OK"。

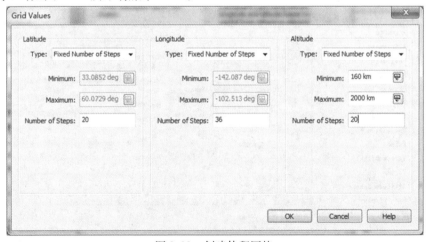

图 8.98　创建体积网格

（2）使地图组件可视化。右击"Volumetric1"（ 🎸 ），点击"Properties"，选择"Basic"中的"Definition"，点击"Volime Grid"对应的（ ⋯ ）按钮，在左侧选择 "AreaTarget1"，在右侧选择 "SimpleCatographic"，点击 "OK"，得到如图 8.99 所示的 3D 图像。

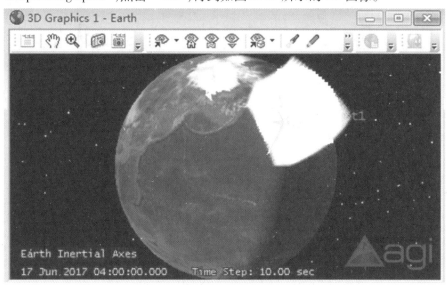

图 8.99　3D 图像

（3）创建立体网格,将地图网格参考坐标系限制在传感器视野范围内。右击"Area-Target1"。点击 "Analysis Workbench"，选择 "Spatial Analysis"选项,点击"Create New Volume Grid"（ ▦ ）按钮,"Type"选择为"Constrained"，名字输入为"SensorFOV"，点击"Refer-ence Grid"对应的（ ⋯ ）按钮,在左侧选择" AreaTarget1"，在右侧选择"SimpleCartograph-ic"，如图 8.100，点击"OK"，再点击"Spatial Condition"对应的（ ⋯ ）按钮,在左侧选择"Sensor1"，在右侧选择 "Visibility"，如图 8.101 所示,点击"OK"。

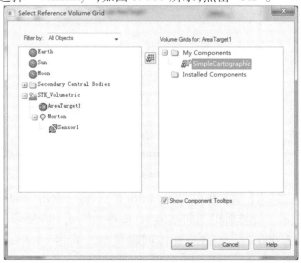

图 8.100　设置参考网格

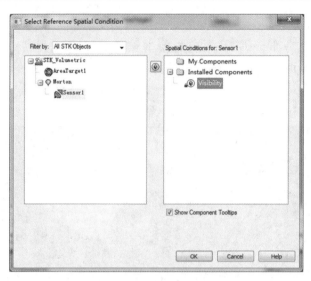

图 8.101　设置空间条件

（4）查看被网格约束的立体对象。右击"Volumetric1"（），点击"Properties"，选择"Basic"中的"Definition"，点击"Volume Grid"对应的（…）按钮，在左侧选择"AreaTarget1"，在右侧选择"SensorFOV"，如图 8.102 所示，点击"OK"，勾选上"Spatial Calculation"，并点击对应的（…）按钮，在左侧选择"AreaTarget1"，在右侧选择"Altitude"，如图8.103所示，点击"OK"，点击"Apply"。得到如图 8.104 所示的3D 图像。

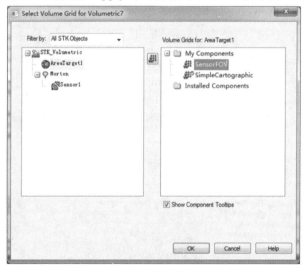

图 8.102　设置体积网格

（5）对立体对象进行计算。右击"Volumetric1"（），点击"Volumetric"中的"Compute"，如图 8.105 所示。计算后得到的结果 3D 图像如图 8.106 所示。

（6）显示 160 ~ 2 000 km 之间的立体网格区域。右击"Volumetric1"（），点击"Properties"，选择"3D Graphics"中的"Grid"，取消掉"Show Grid"选项，选择"3D Graphics"中的"Volume"，选择"Spatial Calculation Levels"选项，点击"Insert Evenly Spaced Values…"按钮,设置"Start Value"为 160 km,"Stop Value"为 2 000 km,"Step Size"为 200 km,如图 8.107 所示,点击"Create Values"按钮,得到如图 8.108 所示的 3D 图像。

(7)添加图例。选择"3D Graphics"中的"Legends",勾选"Show Legend"选项,如图 8.109 所示,点击"OK",得到如图 8.110 所示的 3D 图像。

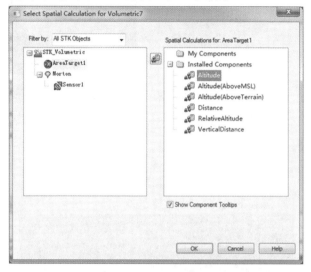

图 8.103　设置空间计算

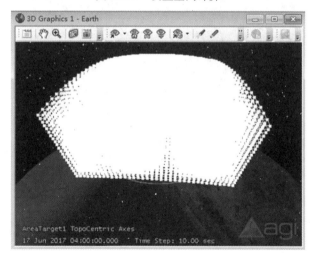

图 8.104　3D 图像

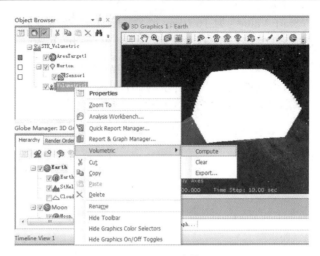

图 8.105　计算

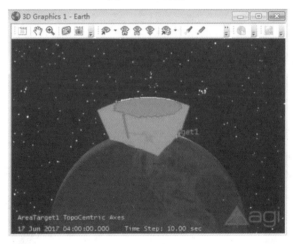

图 8.106　计算结果的 3D 图像

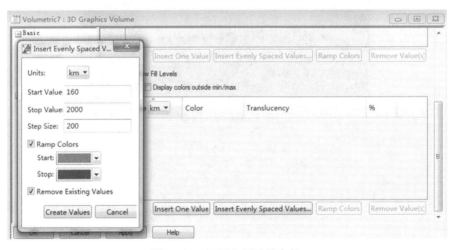

图 8.107　设置空间计算参数

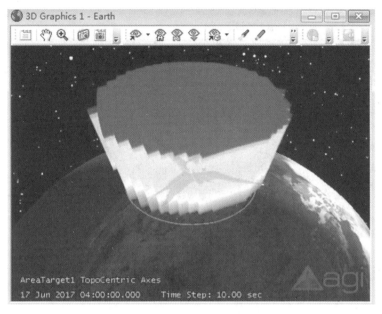

图 8.108　3D 图像

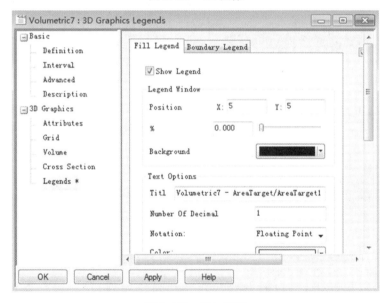

图 8.109　添加图例

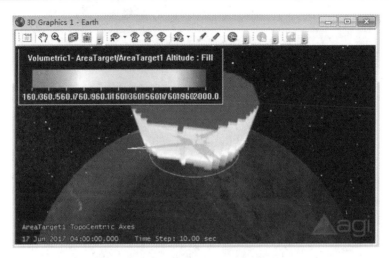

图 8.110　添加图例后的 3D 图像

第9章　STK的简单任务设计与分析

9.1　通信/雷达模块应用分析

在STK9.0版本以前,通信模块和雷达模块是独立的两个部分,在之后的版本中被合二为一,组成通信/雷达模块。STK中的通信模块可以帮助用户定义和分析复杂的通信系统。雷达模块可以帮助用户建立雷达系统模型,模拟雷达系统在不同任务情况下的表现,并对其进行分析。

9.1.1　通信模块应用

STK中的通信模块不仅能够计算雨衰、大气损耗以及其他系统的射频干扰,还可以生成详细的通信链路数据和图形报告,该模块主要包含以下功能:

(1)动态通信链路分析和建模。

(2)开展通信链路预算分析。

(3)在2D或3D环境下呈现数据参数、分析结果、链接方式、射频辐射图等。

(4)动态演示不同的链接方式。

(5)确定分析对象的几何特性或折射/无线通信视线能见度。

(6)演示系统级工程。

上述功能可扩展到通信模块和商业化的网络建模与仿真应用整合。这种整合可促使上至通信分析下到协议层的融合,从而在STK中构建出一个完整的任务。用户可对网络协议层的各个方面进行建模和访问,例如:缓冲区、线路、速率控制、服务质量体系等。

1. 创建新的情景

创建一个新的情景,名字命名为"STK_Comm",开始时间和结束时间为默认值,如图9.1所示。

2. 建立地面站模拟地面控制中心

(1)通过"Define Properties"的方法插入一个地面站(），"Latitude"为46.28deg,"Longitude"为−122.22deg,如图9.2所示,单击"OK"。

(2)通过"From City Database"的方法插入一个位于美国华盛顿的名为"Saint Helens"的地面站( ),如图9.3所示。

3. 模拟移动对象

(1)通过"Define Properties"的方法插入一个飞机( ),在2D图像中画出围绕在"Saint Helens"周围的路线,如图9.4所示,单击"Apply"。

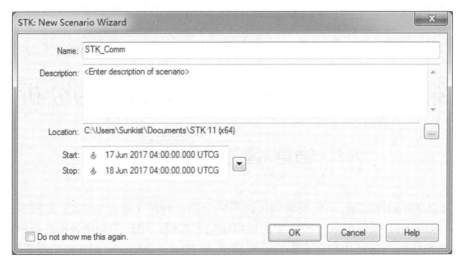

图 9.1　创建情景

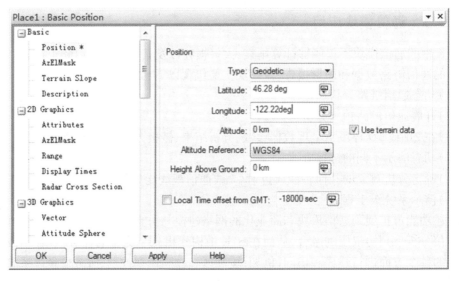

图 9.2　插入地面站 1

（2）右击飞机选择"Properties"，选择基本中的路线，把海拔高度修改为 10 000 ft（1ft＝0.304 8 m），把转弯半径修改为 1 km，如图 9.5 所示，单击"OK"。

（3）计算移动对象和地面站之间的访问关系。打开访问工具（![icon]），单击"Select Object…"，选择飞机作为访问的起点，单击"OK"，在下方选择"Saint Helens"作为终点。单击"Compute"按钮计算，单击"Report"模块中的"Access…"，生成如图 9.6 所示的报告。

4. 模拟简易发射机

（1）设置一个在移动对象上的发射机。在"Aircraft1"中通过"Define Properties"的方法插入一个发射机（![icon]），如图 9.7 所示，点击"OK"。

（2）设置发射机的频率和等效全向辐射功率。在"Basic"的"Definition"页面中，选择"Model Specs"选项，把"Frequency"修改为 2 GHz，把"EIRP"修改为 10dBW，如图 9.8 所示，单击"OK"。

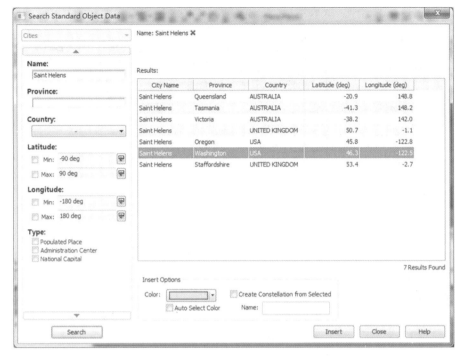

图 9.3　插入"Saint_Helens"地面站

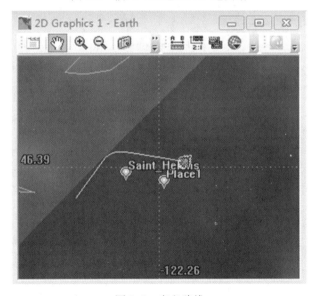

图 9.4　定义路线

5. 模拟传感器

（1）在地面站设置传感器。通过"Define Properties"的方法在"Saint_Helens"中插入一个传感器，如图 9.9 所示，点击"OK"。

（2）修改传感器视野范围。在"Basic"的"Definition"的页面中，把"Cone Half Angle"修改为 5deg，如图 9.10 所示。

173

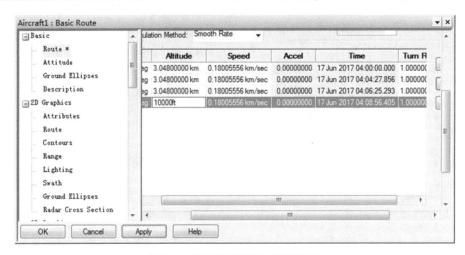

图9.5 修改海拔高度和转弯半径

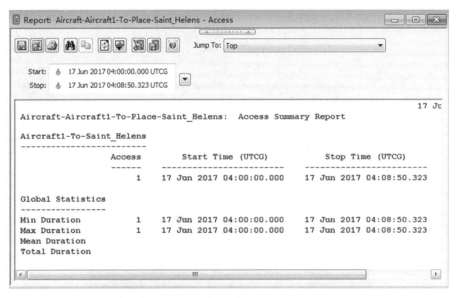

图9.6 移动对象与地面站间的访问报告

（3）设置传感器指向移动对象。在"Basic"的"Pointing"的页面中，"Pointing Type"一项选择为"Targeted"，把"Aircraft1"移到"Assigned Targets"中，如图9.11所示，单击"OK"。

6. 模拟接收机

（1）为地面站传感器设置一个接收机。通过"Define Properties"的方法插入接收机（<span></span>），在"Select Object"窗口中选择"Sensor1"，如图9.12所示，单击"OK"。

（2）调整接收机类型。选择"Basic"中的"Definition"选项，"Type"一项选择为"Complex Receiver Model"，单击"OK"，单击"Apply"。

（3）设置天线形状及大小。选择"Antenna"选项，把"Model Specs"模块中"Type"一项修改为"Parabolic"，"Diameter"一项修改为0.5 m，如图9.13所示，点击"Apply"。

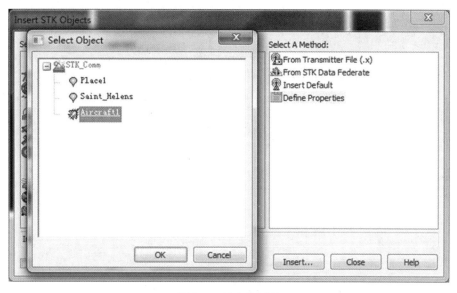

图 9.7　插入发射机

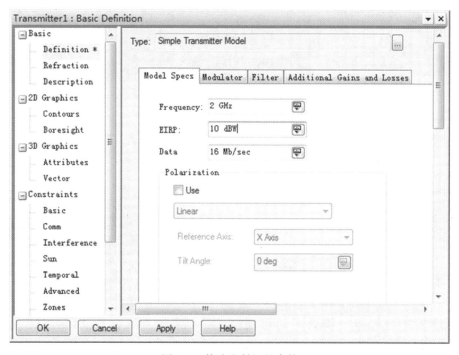

图 9.8　修改发射机的参数

（4）展示立体图形。选择"3D Graphics"中的 "Attributes"，勾选上 "Show Volume"选项，"Gain Scale"修改为 0.1 km，勾选上 "Set azimuth and elevation resolution together"选项，把 "Azimuth"模块中的"Resolution"修改为 1deg，如图 9.14 所示，单击"OK"。

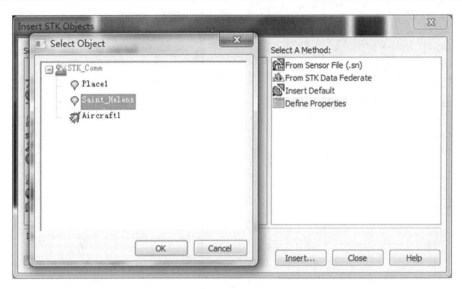

图9.9　设置地面站中的传感器

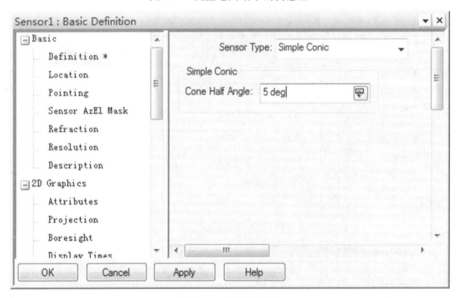

图9.10　设置半锥角

7. 计算发射机和接收机间的访问

打开访问工具(🖱),单击"Select Object"选择 "Transmitter"作为 "Access For",在下方选择 " Receiver",点击 " Compute ",如图 9.15 所示,点击 "Reports "模块中的"Access…"。

8. 生成发射机和接收机间的链路预算报告

点击"Reports"模块中的"Link Budget",把"Step"修改为 1sec,按下回车,结果如图9.16所示。

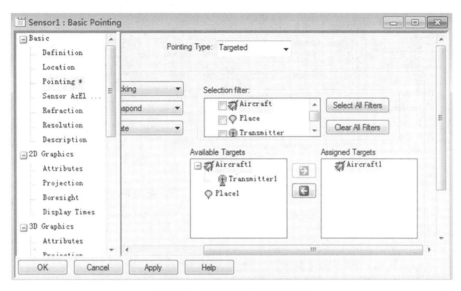

图 9.11　设置传感器指向方式

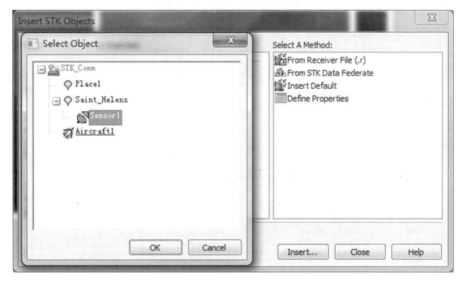

图 9.12　插入接收器

9. 创建自定义图表展示发射机和接收机访问间的载噪比(C/N)

(1)点击访问工具中的"Reports & Graph Manager…",访问对象选择"Transmitter1 to Receiver1",在"Styles"模块中选择"STK_Comm Styles",如图 9.17 所示,点击"Create new graph style"(▦)。

(2)名字命名为"CN",按下回车,把"*"修改为"C/N",点击"Filter",在下方选择"Link Information"中的"C/N",点击"Y Axis"模块中的(▣)移动到"Y Axis"中,如图 9.18所示,点击"OK"。

(3)在"Styles"中选择"CN",点击"Generate…",把"Step"一项修改为1sec,按下回车,结果如图 9.19 所示。

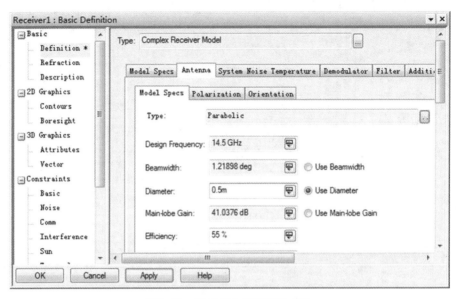

图 9.13　设置接收机类型及参数

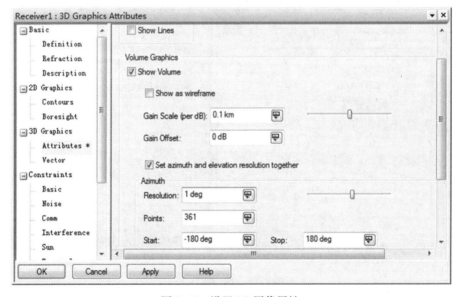

图 9.14　设置 3D 图像属性

9.1.2　雷达模块应用

在 STK 中雷达模块不仅可以帮助用户建立雷达系统模型，以及分析雷达系统在不同任务情况下的表现。该模块还可模拟雷达目标的一个重要特性——雷达散射截面积，并可生成雷达系统表现的数据分析和图像报告。雷达模块可模拟单、双站雷达及合成孔径雷达系统的操作、搜索及追踪等模式。目标可以分配到多个频率相关的雷达散射截面，从而与场景中各种波段的操作相符。

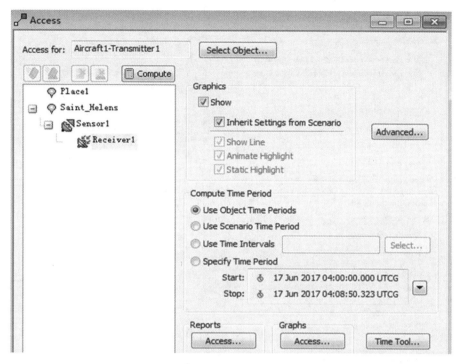

图 9.15　计算访问

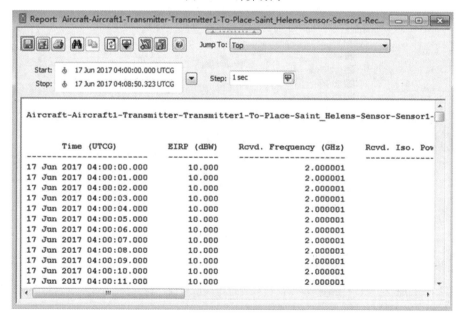

图 9.16　报告结果

1. 创建情景

创建一个新的情景, 名字命名为"STK_Radar", 开始时间和结束时间设置为默认值, 如图 9.20 所示。

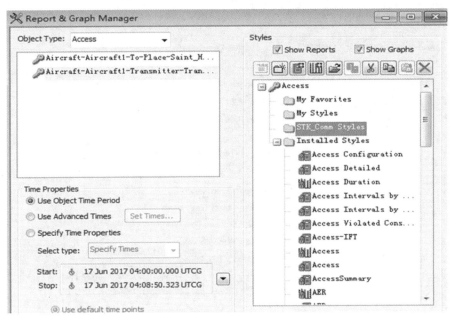

图 9.17 创建图形样式

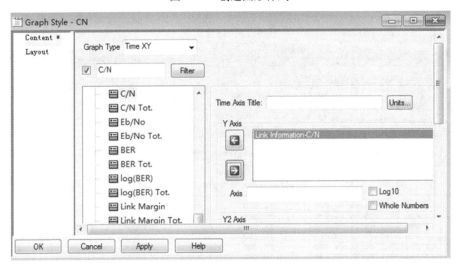

图 9.18 设置新样式

2.设置地面站模拟地面控制中心

方法同上述9.1.1节操作2。

3.模拟飞机

方法同上述9.1.1节操作3。

4.模拟传感器

方法同上述9.1.1节操作5。

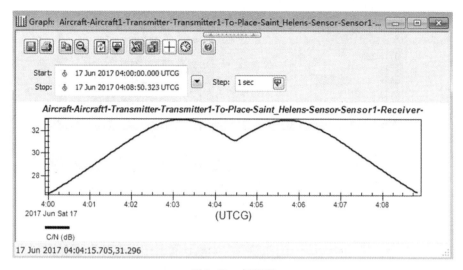

图 9.19　新图形

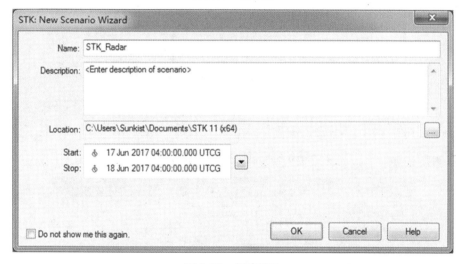

图 9.20　创建情景

5. 模拟地面站的雷达

(1) 通过"Define Properties"的方法在"Sensor1"中插入一个雷达(⊕),如图 9.21 所示。

(2) 显示立体图像。选择"3D Graphics"中的"Attributes",勾选上"Show Volume"选项,把"Gain Scale(per dB)"对应的数值修改为 0.1 km。再勾选上"Set azimuth and eleva-tion together"选项,把"Azimuth"模块中"Resolution"对应的数值修改为 1deg,如图 9.22 所示,点击"OK"。

6. 计算访问

打开访问工具(◢),"Access for"选择为"Radar1",在下方选择"Aircraft1",点击"Compute",如图 9.23 所示,点击"Access…"模块中的"Reports"生成如图 9.24 所示的报告。

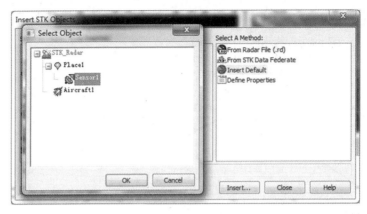

图 9.21 插入雷达"Radar1"

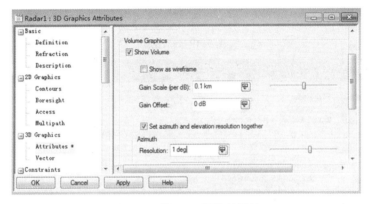

图 9.22 设置 3D 图像的属性

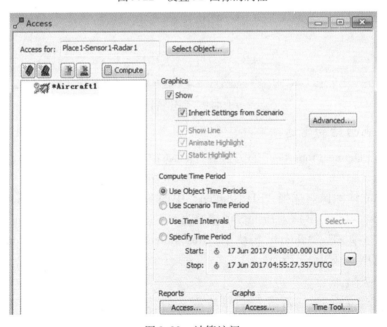

图 9.23 计算访问

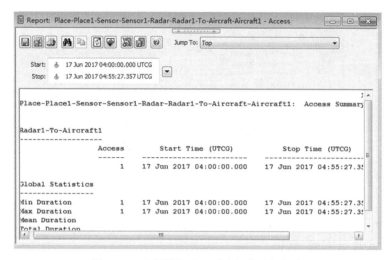

图 9.24 飞行器与地面雷达间的访问报告

7. 评估雷达性能

（1）生成雷达搜索/追踪分析报告。点击"Reports&Graph Manger"，在"Object Type"的下拉菜单中选择"Access"，选择"Place – Place1 – Sensor – Sensor1 – Radar – Radar1 – To – Aircraft – Aircarft1"作为报告的对象。在"Styles"模块中选择"Radar Search Track"，如图9.25所示，点击"Generate…"，把"Step"修改为1sec，按下回车，结果如图9.26 所示。

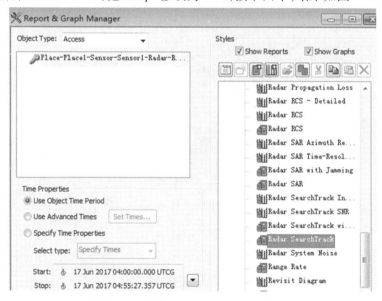

图 9.25 生成"Radar SerachTrack"报告

（2）改变雷达脉冲宽度并观察侦测概率的变化。右击"Radar1"，点击"Properties"，在"Basic"设置中将"Pulse Width"改为 1e−005，点击"OK"。点击雷达搜索/追踪报告中的刷新按钮（），可观察 S/T PDet1 值的变化情况。

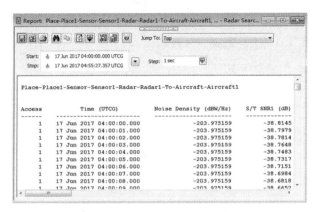

图 9.26 "Radar SerachTrack"报告

8. 改变雷达散射截面积

(1)右击"Aircraft1",点击"Properties",选择"RF"中的"Radar Cross Section",取消掉"Inherit"选项,把"Constant RCS Value"修改为 3dBsm,如图 9.27 所示,点击"Apply"。

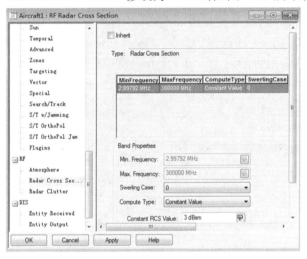

图 9.27 设置"Radar Cross Section"

(2)点击"Radar Search/Track"报告中的"Refresh"(图标),结果如图 9.28 所示。

9. 模拟移动对象上的干扰发射机

(1)在飞行器上添加一个雷达。通过"Insert Default"的方法在"Aircraft1"中插入一个雷达(图标),如图 9.29 所示,将雷达命名为"Jammer"。

(2)设置新的雷达为地面站雷达的干扰机。右击"Radar1",点击"Properties",选择"Basic"中的"Definition",选择"Jamming"标签,勾选上"Use"选项,把"Aircraft1/Radar2"从"Available Jammers"中移动到"Assigned Jammers"中,如图 9.30 所示,点击"OK"。

(3)创建一个自定义的信噪比图表。点击"Reports & Graph Manager"(图标),在"Object Type"的下拉列表中选择"Access",在"Styles"中选择"STK_Radar Styles",点击"Create new graph style"按钮,名字命名为"SNR",如图 9.31 所示,按下回车。

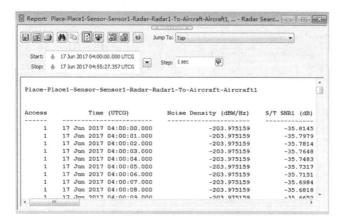

图 9.28　刷新结果

图 9.29　插入雷达"Radar2"

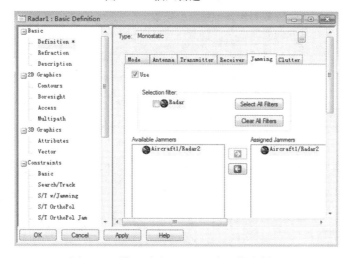

图 9.30　设置雷达"Radar2"为干扰发射机

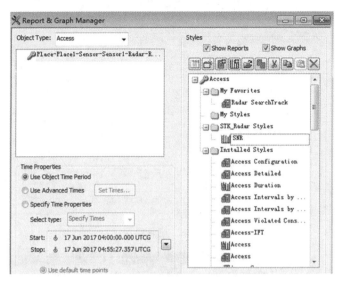

图 9.31　创建 "SNR"

（4）点开 "Radar SearchTrack" 选项，把 "S/T Integrated SNR" 和 "S/T Integrated S/（N+J）" 两项移动到 "Y Axis" 中，如图 9.32 所示，点击 "OK"。

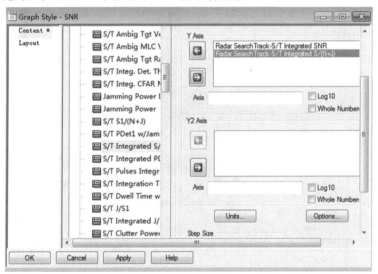

图 9.32　设置 "SNR"

（5）在 "Styles" 中选择 "SNR"。点击 "Generate…"，把 "Step" 修改为 1sec，按下回车，结果如图 9.33 所示。

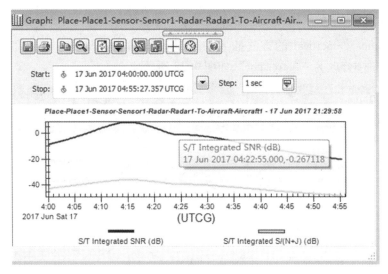

图 9.33　"SNR"结果

9.2　轨道机动模块的应用

STK 中的轨道机动模块(Astrogator)是用于交互式轨道机动和航天器轨道设计的专用分析模块。它支持多种航天器轨道的建模和追踪方式,其中包括瞬间和特定的点火推进,以及高精度轨道预报。此外该模块还可以指向特定的或最优的轨道,这些轨道状态均采用了特定的控制方式并且可生成相应的参数。

9.2.1　建立航天器对象

1. 创建新情景

创建一个新情景,名字命名为"STK_Astrogator",开始时间设置为默认值,结束时间设置为开始后的两天,如图 9.34 所示。

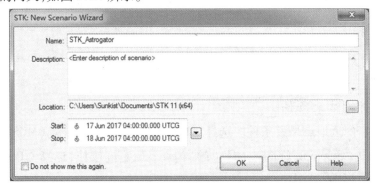

图 9.34　创建情景

2. 插入卫星

使用"Define Properties"的方法插入一个卫星(🛰),选择"Basic"中的"Orbit",把"Propagator"一项修改为"Astrogator",如图 9.35 所示。

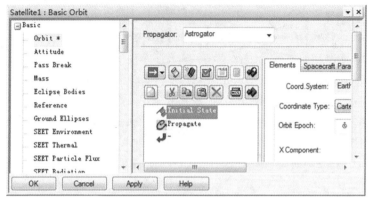

图 9.35　插入卫星

3. 设置卫星初始状态

选择"Mission Control Sequence"中的"Initial State",把"Coordinate Type"一项选择为"Keplerian",把偏心率(Eccentricity)对应的数值修改为 0.015,如图 9.36 所示。

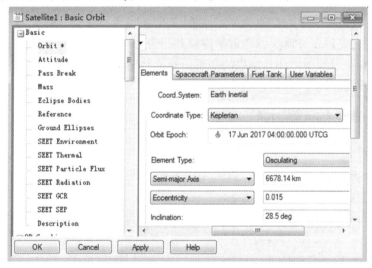

图 9.36　设置坐标系

4. 创建新的结束条件

(1)创建新的近地点结束条件。选择"Mission Control Sequence"(MCS)中的"Propagate"(🌀),点击"Stopping Conditions"中的"New…"(▢)按钮,选择"Periapsis",如图 9.37所示,点击"OK"。

(2)选择"Stopping Conditions"中的"Duration",点击"Delete"(✖)按钮删除结束条件。

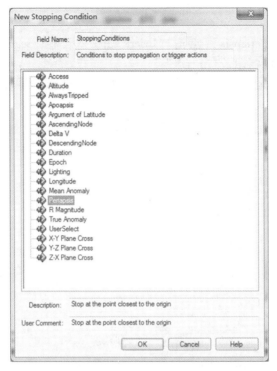

图 9.37　创建结束条件

（3）右击"Propagate"按钮,选择"Rename"将其命名为"PropToPeriapsis"。

5. 运行系统

点击"Run Entire Mission Control Sequence"( )运行系统,产生的 3D 图像如图9.38所示。

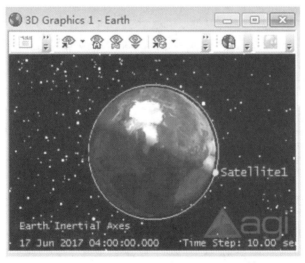

图 9.38　运行后的 3D 图像

6．插入机动阶段

（1）右击"PropToPeriapsis"，点击"Insert After···"，在"Segment Selection"中选择"Maneuver"，如图 9.39 所示，点击"OK"。

图 9.39　插入机动阶段

（2）将"Delta V Magnitude"对应的数值修改为 1km/sec，把"Attitude Control"一项选择为"Along Velocity Vector"，如图 9.40 所示。

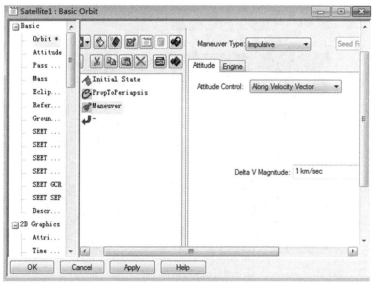

图 9.40　设置机动阶段

7. 插入远地点转移阶段

（1）右击"Maneuver"，点击"Insert After…"，在"Segment Selection"中选择"Propagate"，如图 9.41 所示，点击"OK"。

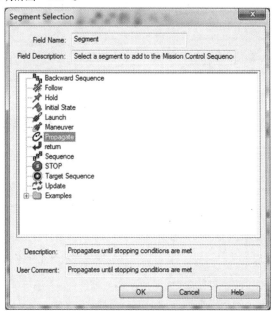

图 9.41　插入远地点转移阶段

（2）在"MCS"中选择"Propagate1"，点击"Stopping Conditions"中的"New…"（ ）按钮，选择"Apoapsis"，如图 9.42 所示，点击"OK"。

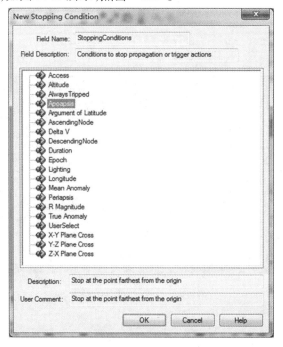

图 9.42　添加结束条件

（3）选择"Stopping Conditions"中的"Duration"结束条件，点击"Delete"（✖）按钮删除。

（4）右击"Propagate"按钮，选择"Rename"将其命名为"PropToApoapsis"。

（5）双击"PropToApoapsis"，把"Color"修改为蓝色，如图9.43所示，点击"OK"。

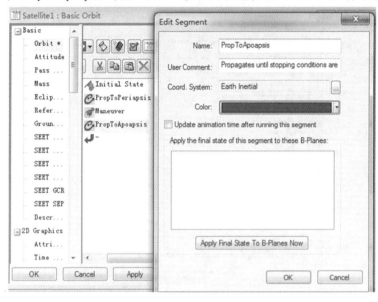

图 9.43　修改颜色

8. 运行系统

点击"Run Entire Mission Control Sequence"（➡▾）运行系统，产生的 3D 图像如图9.44所示。

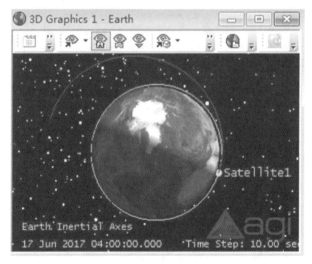

图 9.44　运行结果 3D 图像

9.2.2　目标序列模块(Target Sequence)

目标序列(Target Sequences)可用来计算和定义要求的机动特性,以满足指定的或最佳的任务参数。一旦目标序列被插入到 MCS 中,需要以下三个步骤对其进行设定:

(1)插入部分(segment),其可定义目标序列内目标的控制方式和计算结果。

(2)选择目标序列并定义一个或多个配置文件。这些目标配置文件可以设置搜索算法的类型,这些算法在不停止轨道创建的同时,还可以改变目标部分(segment)的属性从而影响 MCS 运行的过程。

(3)通过访问每个配置文件的属性来配置目标序列。

目标序列会运行嵌套在其中的部分(segment),并根据配置来运行其中的文件。当使用搜索文件,如差分校正器(Differential Corrector)的搜索文件时,目标序列通过多次迭代来调整目标值,从而得到一个收敛于预设公差范围内的解。然后将目标序列的结果应用于 MCS 从而产生满足用户需要的目标轨迹。

1. 创建目标序列

右击"PropToApoapsis",点击"Insert After…",在"Segment Selection"窗口中选择"Target Sequence",点击"OK"。然后右击"Target Sequence"按钮,选择"Rename"将其命名为"RaiseOrbit",如图 9.45 所示。

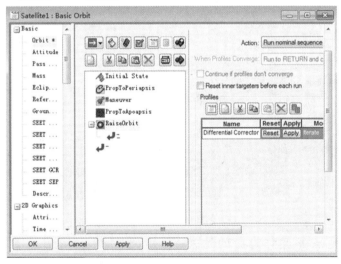

图 9.45　添加"Target Sequence"

2. 添加机动阶段和转移阶段

把"Maneuver"和"PropToApoapsis"拖到"RaiseOrbit"中,"Maneuver"在上方,"Prop-ToApoapsis"在下,如图 9.46 所示。

3. 将"Delta V Magnitude"作为控制参数

点击"MCS"中的"Maneuver",点击"Delta V Magnitude"右边的"Target"(⊙)图标,如图 9.47 所示。

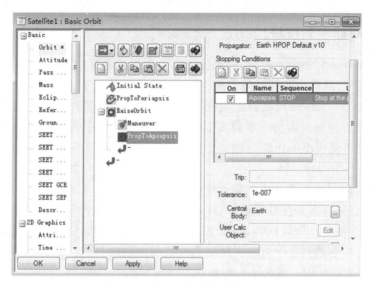

图 9.46　添加机动阶段和转移阶段

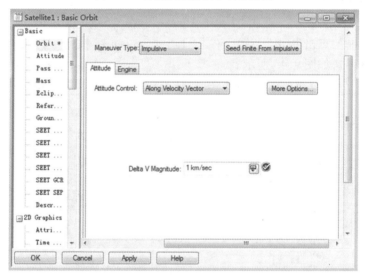

图 9.47　设置控制参数

4.添加远地点高度作为新的结果

点击"MCS"中的"PropToApoapsis",点击"MCS"下方的"Result⋯"按钮,在"Available Components"中选择"Keplerian Elems"中的"Altitude of Apoapsis",点击"Insert Components"( ),如图 9.48 所示,点击"OK"。

5.配置目标序列

选择"RaiseOrbit",点击"Profiles"模块中的"Properties"( ),勾选上"Control Parameters"和"Equality Constrains(Results)"中的"Use",把"Altitude of Apoapsis"的"Desired Value"一项修改为 7 500 km,如图 9.49 所示,点击"OK"。再将"Action"一项选择为"Run Active Profiles",如图 9.50 所示。

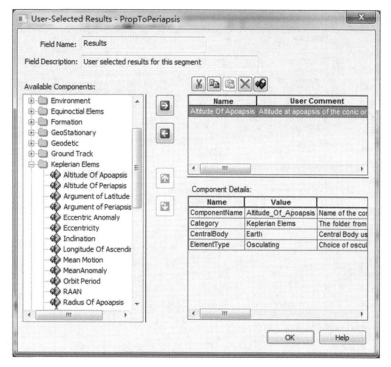

图 9.48　添加远地点作为结果

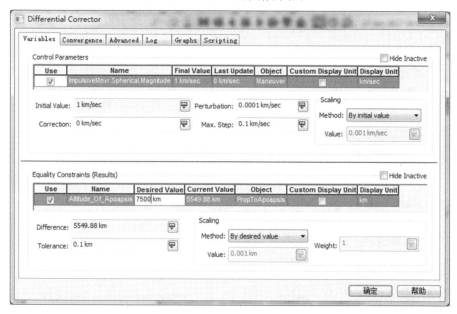

图 9.49　设置"Target Sequence"

6. 运行系统

点击"Run Entire Mission Control Sequence"（ ）运行系统，"Target Sequence"结果如图 9.51 所示。

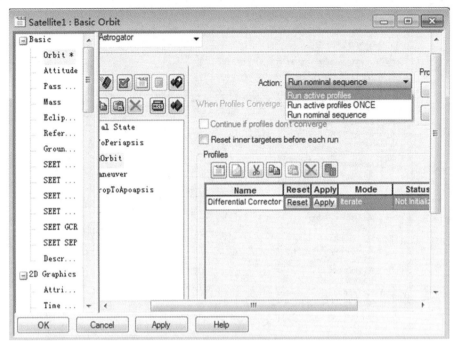

图 9.50　设置"Action"方式

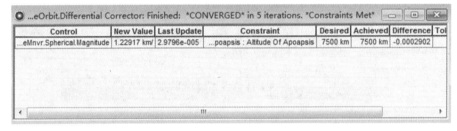

图 9.51　"Target Sequence"计算结果

7. 查看最终轨道设计结果

点击"Profiles and Corrections"中的"Apply Changes"，然后点击"Run Entire Mission Control Sequence"(➡▾)运行系统，产生的 3D 图像如图 9.52 所示。

9.2.3　使用目标系列模块提高近地点高度

1. 添加"Target Sequence"

右击"RaiseOrbit"，点击 "Insert After…"，在"Segment Selection"中选择"Target Sequence"，如图 9.53 所示，点击"OK"。右击"Target Sequence"按钮，选择"Rename"将其命名为"RaiseAltitude"。

2. 添加新的机动阶段

选择"Target Sequence"中的回车图标(↵)，点击 "Insert Segment After" (▢)，在"Segment Selection"中选择"Maneuver"，如图 9.54 所示，点击"OK"。

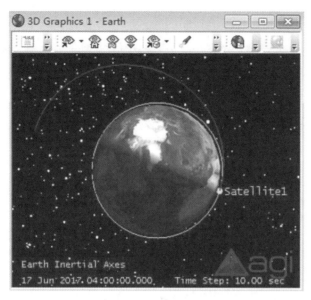

图 9.52　生成轨道的 3D 图像

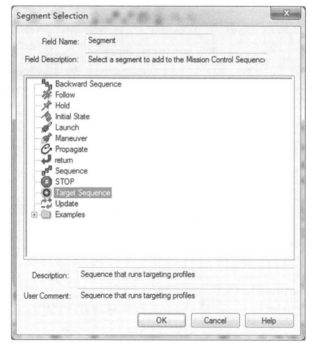

图 9.53　添加"Target Sequence"

3. 控制变量

选择"RaiseAltitude"中的"Maneuver",点击"Delta V Magnitude"对应的(◎)图标,如图 9.55 所示。

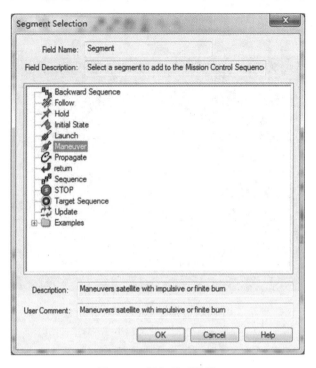

图 9.54   添加机动阶段

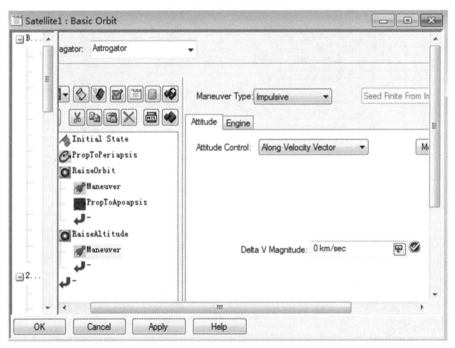

图 9.55   设置控制参数

4. 插入传播阶段

（1）右击"RaiseAltitude"中的"Maneuver"，点击"Insert After…"，在"Segment Selection"中选择"Propagate",如图 9.56 所示,点击"OK"。

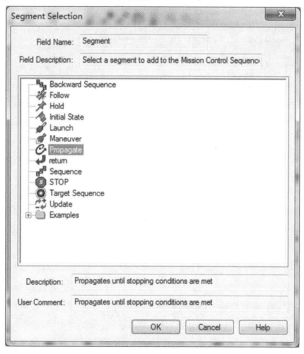

图 9.56　插入转移阶段

(2)在"MCS"中选择"RaiseAltitude"中的"Propagate",点击"Stopping Conditions"中的"New…"(　),选择"Periapsis",如图 9.57 所示,点击"OK"。

(3)在"Stopping Conditions"中选择"Duration",点击"Delete"(✖)删除结束条件。

(4)右击新建的"Propagate"按钮,选择"Rename"将其命名为"PropToPeriapsis"。

5.添加近地点高度作为结果

选择"RaiseAltitude"中的"PropToPeriapsis",点击下方的"Results…",点开"Keplerian Elems",选择"Altitude of Periapsis",如图 9.58 所示,点击"OK"。

6.修改颜色

双击"RaiseAltitude"中的"Maneuver",把颜色修改为黄色,同样把"RaiseAltitude"中的"Propagate"修改为红色,结果如图 9.59 所示。

7.配置目标序列

(1)在"MCS"中选择"RaiseAltitude",在"Profiles"中选择"Differential Corrector",点击"Properties…"(　)。

(2)勾选上"Control Parameters"和"Equality Constraints(Results)"中的"Use",并把"Altitude_Of_Periapsis"中的"Desired Value"修改为 3 000 km,如图 9.60 所示,点击"OK",然后将"Action"一项选择为"Run Active Profiles"。

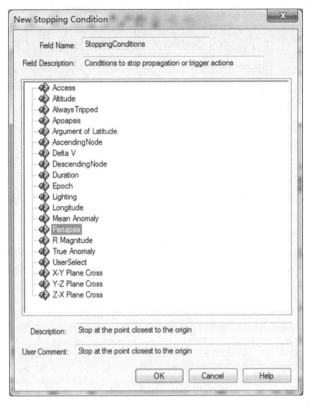

图 9.57　添加结束条件

8. 运行系统

点击"MCS"工具栏中的"Run Entire Mission Control Sequence"（ ⟶▾ ）运行系统，"Target Sequence"计算结果如图 9.61 所示。

9. 查看最终轨道设计结果

点击"Profiles and Corrections"中的"Apply Changes"，再点击"MCS"工具栏中的"Run Entire Mission Control Sequence"（ ⟶▾ ），3D 图像如图 9.62 所示。

10. 在半天时间后添加轨道最终转移阶段

（1）在"MCS"中，右击"RaiseAltitude"，点击"Insert After…"，在"Segment Selection"中选择"Propagate"，如图 9.63 所示，点击"OK"。

（2）点击"MCS"工具栏中的"Run Entire Mission Control Sequence"（ ⟶▾ ）运行系统，得到 3D 图像如图 9.64 所示。

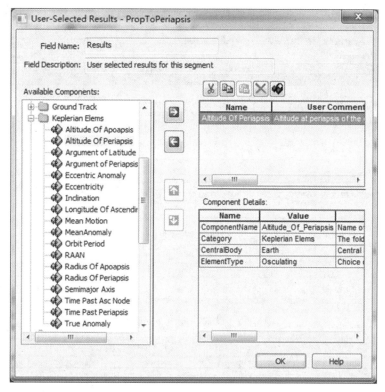

图 9.58　添加结果

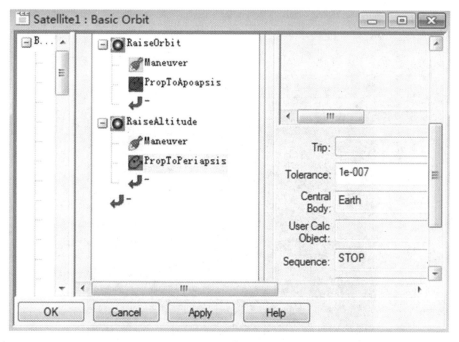

图 9.59　修改颜色

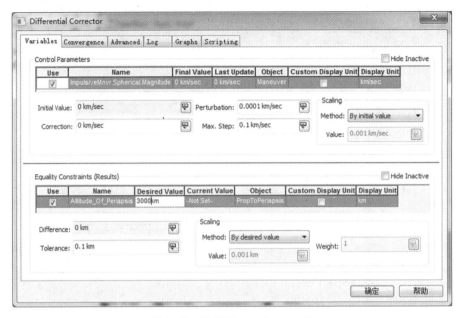

图 9.60　设置"Target Sequence"

图 9.61　"Target Sequence"结果

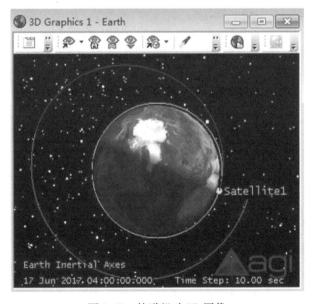

图 9.62　轨道机动 3D 图像

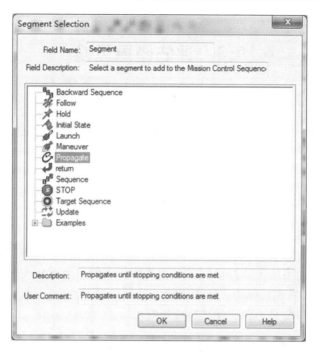

图 9.63 添加转移阶段

图 9.64 轨道转移的 3D 图像

9.3 评估碰撞风险

每天都有数以万计的太空物体绕地球在运动,这使得卫星的轨道变得异常拥挤。所以评估卫星在发射期间和在轨运行期间的碰撞风险,对能否顺利完成任务来说是十分重要的。STK 为用户提供了相应的工具,可对收录在太空任务列表中的大部分飞行器进行建模和分析,从而帮助相关机构评估飞行器在执行任务过程中存在的碰撞风险。

9.3.1 关联分析工具(Conjunction Analysis Tool)简介

STK 提供的高级关联分析(Conjunction Analysis Tool,CAT)工具帮助用户可以方便地对多颗卫星进行近距离分析,并求解卫星双行轨道根数 TLEs。在用户完成设置后,高级关联分析工具会对选定的主要目标(如:运营机构管理的卫星或将要发射的卫星)和次要目标(如一些可能对主要目标构成碰撞威胁的卫星)进行近距离分析,其主要基于两个对象威胁椭球体间允许的最小距离评估碰撞风险。

9.3.2 使用关联分析工具评估卫星碰撞风险

1.创建情景

创建一个新的情景,名字命名为"STK_CAT",开始时间设置为默认值,结束时间设置为 2 天后,如图 9.65 所示,点击"OK"。

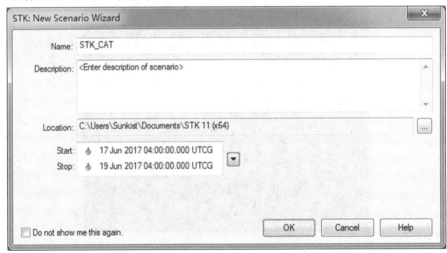

图 9.65 创建情景

2.更新卫星数据库

在进行碰撞分析之前,要确保拥有最新的卫星数据。点开工具栏中的"Utilities",选择"Data Update…",勾选上"Satellite database"对应的"Update",点击"Update Now…",再点击"OK"。

3. 使用更新后的数据库

点击保存(🖫),点开工具栏中的"File",选择"Open"(📂),选择"STK_CAT"打开,如图 9.66 所示。

图 9.66 重新载入更新后的场景

4. 插入卫星

使用"Define Properties"的方法插入一个卫星(✂),点击"OK",如图 9.67 所示。右击"Satellite",点击"Zoom to"即可看到卫星的 3D 图像,如图 9.68 所示。

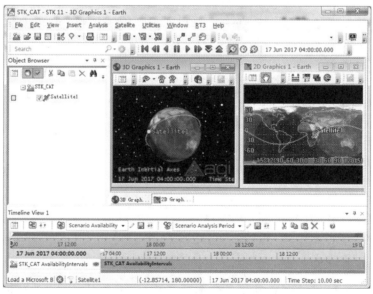

图 9.67 插入卫星

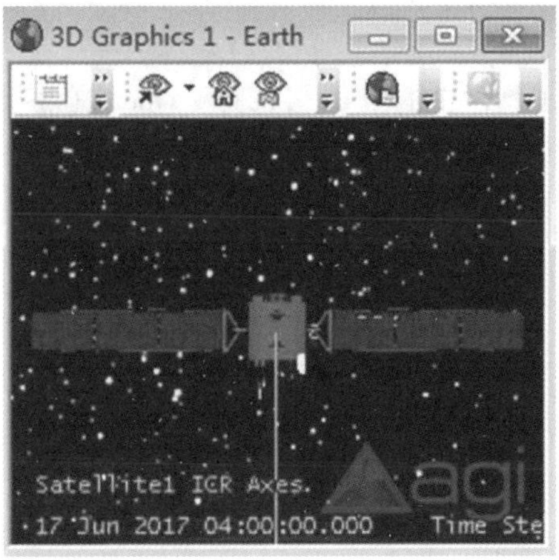

图 9.68　卫星的 3D 图像

5. 插入关联分析工具

(1)点击“Insert Object”( ),点击“Edit Preferences”,勾选上“AdvCAT”,如图 9.69 所示,点击“OK”。

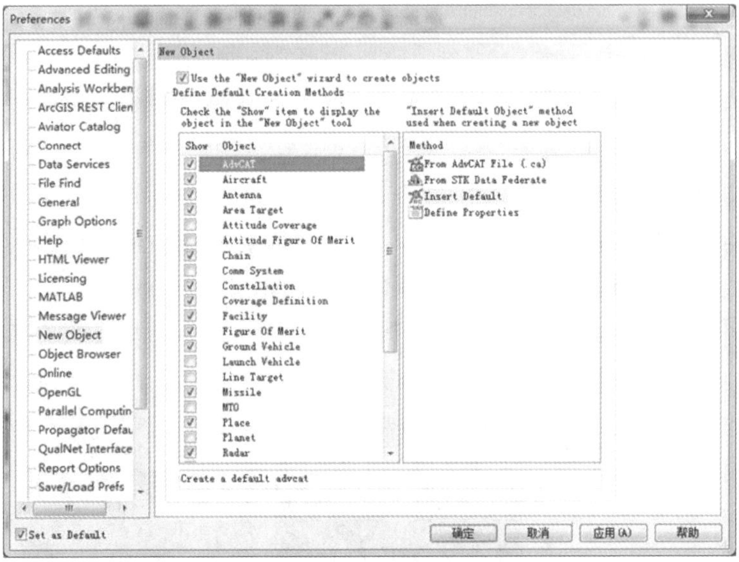

图 9.69　添加关联分析工具

(2)使用“Define Properties”的方法插入一个关联分析工具( ),点击“Insert…”。

6. 选择主要对象

在“Primary List”的“Available”中选择“Satellite/Satellite1”,点击( )按钮移到“Chosen”中,如图 9.70 所示。

7. 选择次要对象

在“Secondary List”的“Available”中选择“stkAITLE. tce”,点击( )按钮将其移到“Chosen”中,如图 9.71 所示。

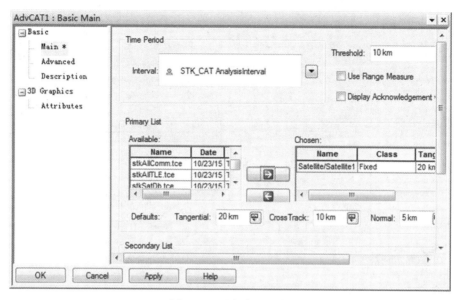

图 9.70　选择主要对象

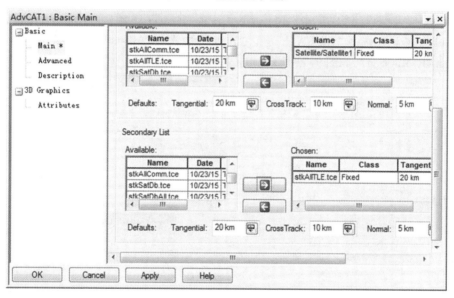

图 9.71　选择次要对象

8. 计算

在"Threshold"中输入预期的阈值,这是两个有潜在碰撞风险对象的威胁椭球体之间的阈值距离。然后分别设置两个对象威胁椭球体临界"Tangential",相交"Cross Track"和正常"Normal"情况下的数值,点击"Compute"进行计算,如图 9.72 所示。

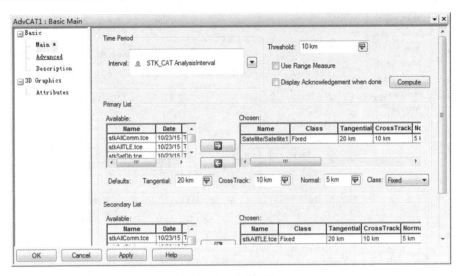

图9.72　参数设置

9. 查看主要对象和次要对象间的关联情况

（1）点击"Reset"（◀◀），点击"Report & Graph Manager"（▦），"Object Type"选择为"AdvCAT"，在下方选择"AdvCAT1"，在"Styles"中选择"Installed Styles"中的"Close Approach By Min Sep"，如图9.73所示，点击"Generate…"。

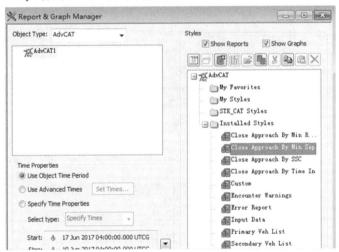

图9.73　生成关联报告

（2）右击生成的报告中"Time In"中的一行，选择"Time In"中的"Set Animation Time"，如图9.74所示。

（3）打开3D图像，右击"Satellite1"，点击"Zoom To"，调整到合适的大小，如图9.75、9.76和9.77所示（绿色代表椭圆相离，黄色代表临界，红色代表相交），可以通过"Step Forward"（▮▶）来调节时间。

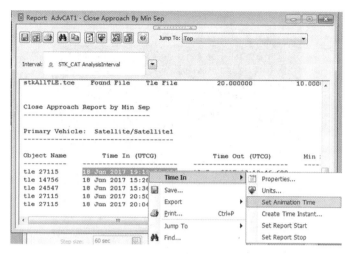

图 9.74　选择时间

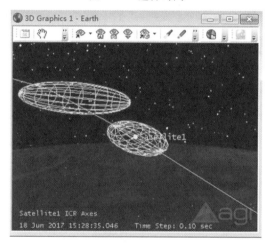

图 9.75　两颗卫星相离情况的 3D 图像

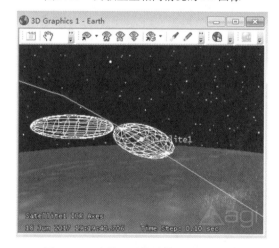

图 9.76　两颗卫星临界情况的 3D 图像

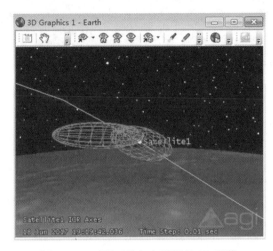

图 9.77   两颗卫星相交情况的 3D 图像

第 10 章　应用 STK/MATLAB 的卫星编队的故障重构设计

本章首先对卫星编队进行介绍,并对卫星编队进行初始构型的设计,在此基础上对几种典型的卫星编队模型进行 STK 的飞行特性演示。然后通过对典型卫星编队的队形重构设计,并结合 STK 给出卫星群队形重构飞行过程中的任务技术指标。根据任务需求建立相应的编队队形以及在某颗卫星发生故障后的队形重构设计,利用 STK 对编队队形进行可视化仿真,并结合 MATLAB 与 STK 互联仿真,给出了卫星编队系统在轨队形重构的演示。

10.1　卫星编队介绍

随着国内外航天事业的迅速发展,以及航天活动的逐渐增多,卫星的应用也从单一的大型卫星状态迈向网络化的结构方式。卫星编队飞行就是其中的重要方向之一,也是未来空间飞行任务的关键技术。编队飞行是通过航天器间的协同跟踪、位置保持以及信息交互来构成一个分布式的卫星系统。在最初的卫星飞行任务中,大多数空间任务都是由单颗大型卫星完成的,并且通过地面站进行远程的命令控制。为了满足卫星的多任务要求,必须设计和安装多类有效载荷,这类复杂的卫星常见于空间科学实验、气象监测、全球导航和民用中继通信等空间飞行任务。

一方面,对于复杂的单颗大型卫星来说,单生命周期卫星的设计和开发成本巨大,使得很多国家都负担不起该类卫星以及相关火箭的制造和发射任务。另一方面,大型卫星系统的复杂性也增加了飞行任务中的不稳定性,即使是一个小小的故障也可能会导致飞行任务的灾难性后果。因此,为解决这些问题,美国国家航空航天局(National Aeronautics and Space Administration, NASA)的研究人员提出了卫星编队飞行的概念,将多颗微小型卫星通过通信交流、有效载荷共享以及测量数据传输的方式来完成一颗大型卫星的复杂任务。

相较于复杂的大型卫星系统,卫星编队有以下几个优势:多卫星系统可以完成更复杂的太空任务,整体性能更好;卫星可以批量生产,设计工艺与生产成本费用更低;故障情况下有较好的冗余度和鲁棒性,整体系统的可靠性更高;系统可以通过构形和配置的改变完成不同的飞行任务,适应性更强。

由于与传统大卫星相比,卫星编队的优势非常明显,因此其必将在未来的航天领域占有一席之地,目前,科学家们对卫星编队的应用前景和应用需求进行了前期探索,主要包含如下四个领域：

（1）深空探测。

深空探测的范围包含了广袤的宇宙空间。由于卫星编队的前述特性，其在各国科研机构提出的深空探测计划中都扮演了重要角色，代表性的研究有美国国家航空航天局（NASA）的 TPF（类地行星探测器）计划。

（2）空间科学实验。

空间科学实验的对象为空间和大气，其需要研究的课题很多，例如研究气候变暖的原因。由于时间和空间存在无法分辨性，在使用单颗大卫星进行测量时，无从区分是何种原因造成的变化，应用微小型卫星编队技术，就可以很好地解决这个问题。该类应用的典型例子包括 NASA 的 A－Train（轨道列车）计划和 NMS（新千年）计划等。

（3）对地勘测。

对地勘测即运用卫星系统对地球进行气象、海洋等任务勘测以及监测环境、灾害等情况，通常利用包括雷达测量、光学测量、红外遥感等方式实现。卫星编队可以整合其群内各个子卫星的传感器资源，从不同的任务需求出发进行配置管理，这样就能得到更全面的数据，为科学实验的展开提供便利。

（4）军事应用。

卫星编队可以通过任务构型轻易地完成各种复杂的军事任务，例如，反卫星任务、拦截攻击任务，这对于未来国家四位一体的作战体系构建是非常关键的。

总之，卫星编队飞行在对地观测、深空探测、无源导航、空间科学测量等方面都具有极广泛的应用前景，是未来航天技术的发展趋势。

10.2　卫星编队构型设计

10.2.1　坐标系定义

当地垂直水平直角坐标系 $Ox_Ly_Lz_L$，简称为 LVLH（Local Vertical Local Horizontal）。该坐标系的原点为航天器的质心，x_L 轴沿地心指向航天器的质心方向，z_L 轴是垂直于轨道平面的航天器角动量方向，而 z_L 轴与 y_L 轴和 x_L 轴满足右手定则，如图 10.1 所示。

10.2.2　卫星编队初始构型设计

在卫星编队飞行中，无推力情况下即无外部加速度状况下，卫星编队的周期轨迹是由 CW 方程决定的，并且卫星编队构型在无须外部控制加速度作用的情况下就会一直保持该队形不变，如下所示：

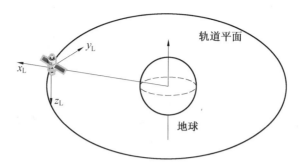

图 10.1　当地垂直水平直角坐标系

$$\begin{cases} x(t) = \dfrac{\dot{x}_0}{n}\sin(nt) + \left(-3x_0 - \dfrac{2\dot{y}_0}{n}\right)\cos(nt) + 2\left(2x_0 + \dfrac{\dot{y}_0}{n}\right) \\[2mm] y(t) = 2\left(3x_0 + \dfrac{2\dot{y}_0}{n}\right)\sin(nt) + \dfrac{2\dot{x}_0}{n}\cos(nt) - 3(2nx_0 + \dot{y}_0)t + \left(y_0 - \dfrac{2\dot{x}_0}{n}\right) \\[2mm] z(t) = \dfrac{\dot{z}_0}{n}\sin(nt) + z_0\cos(nt) \end{cases}$$

$$(10.1)$$

式中　$\boldsymbol{x}_0$——相对运动在 t_0 时刻的初始状态，$\boldsymbol{x}_0 = [x_0, y_0, z_0, \dot{x}_0, \dot{y}_0, \dot{z}_0]^{\mathrm{T}}$。

图 10.2 显示了两种常见的编队空间构型。

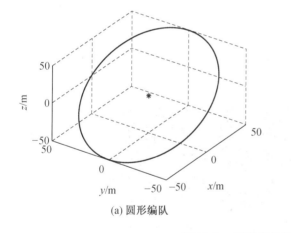

(a) 圆形编队

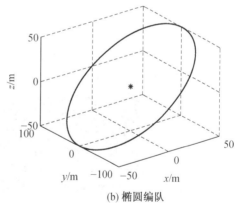

(b) 椭圆编队

图 10.2　两种常见的编队空间构型

取几何中心为 $(0,0,0)$，若满足以下条件，则卫星编队相对运动的轨迹为椭圆：

$$\begin{cases} \dot{y}_0 = -2nx_0 \\ y_0 = 2\dot{x}_0/n \end{cases}$$

$$(10.2)$$

若半径 $r = 2\sqrt{x_0^2 + (\dot{x}_0/n)^2}$ 且满足条件式(10.3)，则卫星编队相对运动的轨迹为圆：

$$\begin{cases} y_0 = 2\dot{x}_0/n \\ \dot{y}_0 = -2nx_0 \\ z_0^2 = 3x_0^2 \\ \dot{z}_0^2 = 3\dot{x}_0^2 \end{cases} \tag{10.3}$$

将其中圆形编队的轨道参数数据输入到 STK 中,如图 10.3 所示。

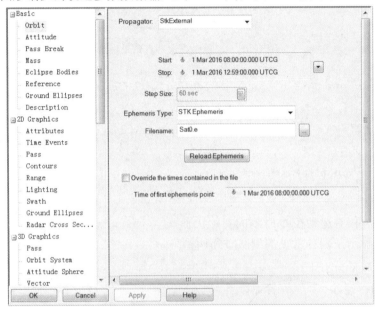

图 10.3　MATLAB 与 STK 数据互联

将 5 颗卫星的轨道参数数据依次输入 STK 中,得到如图 10.4 所示的编队构型。

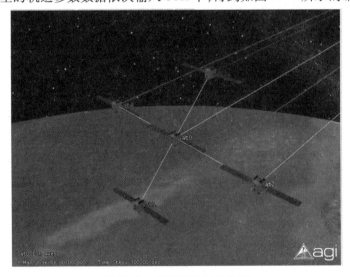

图 10.4　卫星编队初始构型

相对运动轨迹为椭圆且绕飞中心为中心卫星,则绕飞方程的形式为

$$
\begin{cases}
x = -A\cos(nt + \varphi) \\
y = 2A\sin(nt + \varphi) \\
z = B\cos(nt + \varphi + \phi)
\end{cases}
\tag{10.4}
$$

式中　A——椭圆的长半轴;

　　　B/A——椭圆在 z 方向上的振动幅度大小;

　　　φ——环绕卫星在绕飞轨道上的相位,φ、ϕ、A、B 的值共同决定了椭圆的空间指向。

另外,航天器在惯性坐标系中的运动情况可以用轨道根数来表示,分别是半长轴 a_0、偏心率 e_0、轨道倾角 i_0、近地点幅角 ω_0、升交点赤经 Ω_0 和近地点时刻 t_{f0}。设中心航天器的轨道根数为 $[\,a_0\ \ e_0\ \ i_0\ \ \omega_0\ \ \Omega_0\ \ t_{f0}\,]$,第 i 颗绕飞航天器的轨道根数为 $[\,a_i\ \ e_i\ \ i_i\ \ \omega_i\ \ \Omega_i\ \ t_{fi}\,]$,$\Delta u_i(t)$、$\Delta\Omega_i$ 和 Δi_i 分别表示第 i 颗环绕航天器和中心航天器之间的纬度幅角差、升交点赤经差以及轨道倾角差。将 $t_{f0} = 0$ 取为系统的初始时刻,则绕飞方程与轨道根数的关系可以表示为

$$
\begin{cases}
A = a_0 e_i \\
\varphi_0 = \pi - \omega_i \\
B = a\sqrt{(\Delta\Omega_i)^2 \sin^2 i_i + (\Delta i_i)^2} \\
\cos(\varphi_0 + \phi_0) = \dfrac{-a\Delta\Omega_i \sin i_i}{B} \\
\sin(\varphi_0 + \phi_0) = \dfrac{-a\Delta i_i}{B} \\
\Delta u_i(t) = -\Delta\Omega_i \cos i_i
\end{cases}
\tag{10.5}
$$

10.3　基于 STK 的卫星编队案例分析

针对天文观测、深空探测、对地勘测以及技术验证空间任务,美国国家航空航天局(NASA)、德国宇航中心(DLR)、欧洲空间局(ESA)以及中国航天科技集团(CASC)等航天机构相继提出并验证了多项卫星编队飞行计划。目前,有关卫星编队的任务计划有些已经加以实施,还有一部分尚处在酝酿之中,这里介绍几种典型的卫星编队飞行任务计划。

10.3.1　Techsat - 21 编队设想

Techsat - 21 计划是于 1998 年由美国空军实验室(AFRL)提出,编队系统由多颗雷达卫星组成,利用先进的分布式合成孔径处理技术,通过系统中各颗卫星协同工作来完成GMTI(Ground Motion Target Indication)和地面目标定位任务。系统能够全天时、全天候工作,星上雷达使用 X 波段(10 GHz)电磁波,卫星轨道高度为 800 km,对地观测分辨率为 1 ~ 2 m。

由于 Techsat – 21 计划的技术难度比预想的大得多,因此该计划在实施过程中几经修改,2004 年上半年 AFRL 宣布其飞行实验计划再度推迟,转入天基多孔径技术研究计划(SMART)。即便如此,在计划提出并实施的过程中,所涉及的各种新思想、新概念和新方法都是值得借鉴的。

根据编队初期设计的实验编队数据,卫星的轨道参数见表 10.1。

表 10.1　Techsat – 21 编队卫星仿真轨道参数

卫星编号	半长轴 a/km	偏心率 e	轨道倾角 In c/(°)	近地点幅角 P/(°)	升交点赤经 RAAN/(°)	真近点角 f/(°)
S1	7 179.14	0	95	0	0	0
S2	7 179.14	0	95	0	0	1
S3	7 179.14	0	95	0	0	2

将表 10.1 数据输入到 STK 中,就可以得到三维仿真场景如图 10.5 所示,星下点轨迹如图 10.6 所示。

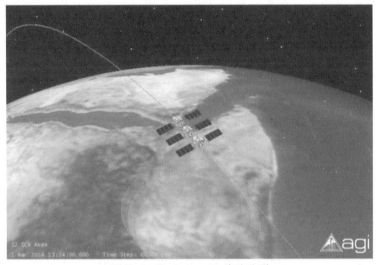

图 10.5　Techsat – 21 编队队形

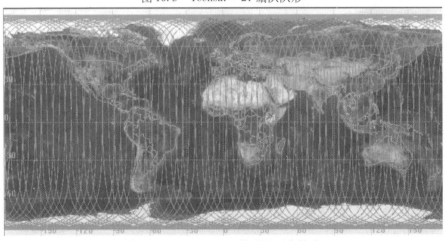

图 10.6　Techsat – 21 编队星下点轨迹

设两颗卫星对地观测的角度限制为 30°,利用 STK 分析编队中的两颗卫星,得到在南纬 60° 到北纬 70° 之间的地面覆盖情况如图 10.7 所示,由图 10.7 可知,三颗卫星要完成对地覆盖观测大概需要 3.5 天的时间。

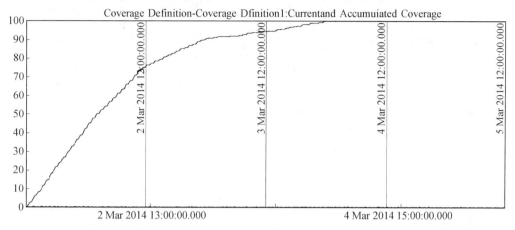

图 10.7　Techsat – 21 编队对地覆盖率

10.3.2　TanDEM – X 项目

TanDEM – X 项目是德国未来地球观测计划,其任务是在高分辨率卫星 TerraSAR – X 任务的基础上增加一颗雷达卫星组成双星编队。主要任务目标是产生成高精度三维数字地形图(DEM),其设计的定位精度为 12 m,目标相对测高精度为 2 m。设仿真卫星的轨道参数见表 10.2。

表 10.2　TanDEM – X 编队卫星轨道参数

卫星编号	半长轴 a/km	偏心率 e	轨道倾角 In c/(°)	近地点幅角 P/(°)	升交点赤经 RAAN/(°)	真近点角 f/(°)
TerraSAR – X	6 886.38	0.000 191 6	97.44	0	0	0
TanDEM – X	6 886.38	0.000 191 6	97.44	0	0	2

将表 10.2 中的数据输入 STK,得到三维仿真场景如图 10.8 所示,其星下点轨迹如图 10.9 所示。

设两颗卫星对地观测的角度限制为 30°,利用 STK 分析编队中的两颗卫星对纬度 – 60° ~60° 间的地面覆盖情况,结果如图 10.10 所示。由图 10.10 可知,两颗卫星要完成对地覆盖观测需要近 5 天的时间。

10.3.3　GRACE 项目

GRACE(Gravity Recovery and Climate Experiment)编队是由德国宇航中心和美国国家航空航天局合作的双星编队飞行项目,该项目于 1997 年提出,2002 年实现在轨运行。其主要任务是在轨收集数据以建立高精度的静态和时变的地球重力场模型以及大气层相关的信息。系统由两颗卫星组成距离为 170 ~ 270 km 的串行编队,使用 K 波段的微波测量装置测量出两颗卫星之间的相对距离,根据相对距离的变化以及其轨道属性计算出重

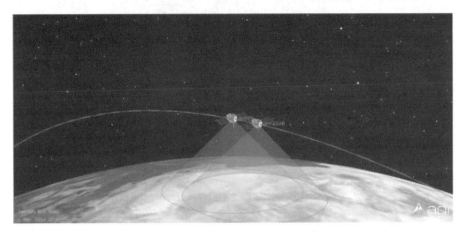

图 10.8　TanDEM - X 编队队形

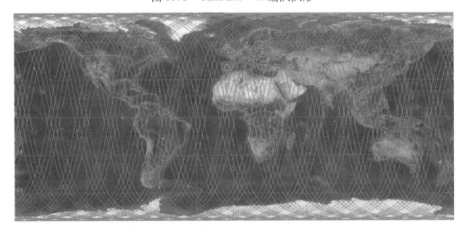

图 10.9　TanDEM - X 编队星下点轨迹

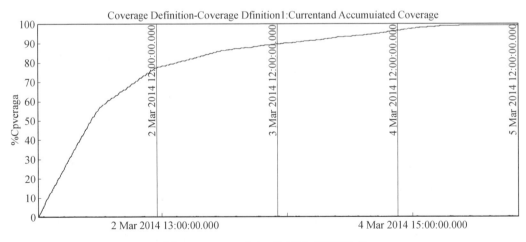

图 10.10　TanDEM - X 编队对地覆盖率

力场数据,经过全球数据处理得出较精确的重力场模型。随着观察时间和次数的增加,重力场模型的精度也将逐渐提高。

　　该项目的成功,将高精度全球重力场观测与气候变化实验发展到了新的阶段,同时也为检测全球环境变化提供了基础数据。根据 GRACE 网站公布的数据,设仿真卫星的轨道参数见表 10.3。

表 10.3　GRACE 编队卫星轨道参数

小卫星编号	半长轴 a/km	偏心率 e	轨道倾角 In c/(°)	近地点幅角 P/(°)	升交点赤经 RAAN/(°)	真近点角 f/(°)
GRACE1	6 804.6	0.001 737	89.073	71.675	124.664	122.027
GRACE2	6 804.6	0.002 158	89.073	70.222	124.664	122.07

　　将上述数据载入到 STK 中,就可以得到三维仿真场景如图 10.11 所示,星下点轨迹如图 10.12 所示。

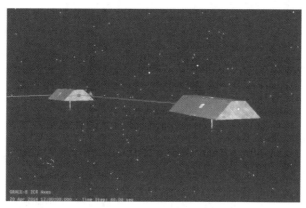

图 10.11　GRACE 编队队形

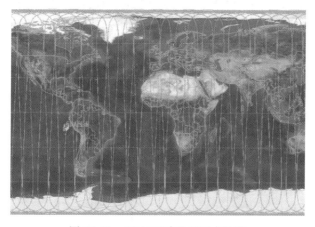

图 10.12　GRACE 编队星下点轨迹

　　利用 STK 给出两颗卫星间的仰角变化,如图 10.13 所示。通过分析图 10.13 可以看出,两个卫星间的仰角在[- 1.5°,0.2°]之间呈正弦规律变化。

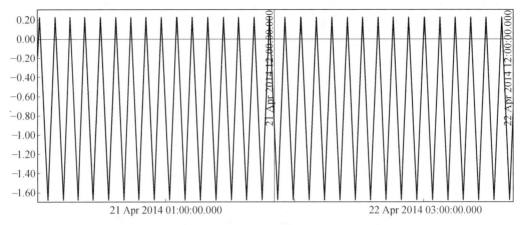

图 10.13   GRACE 卫星间俯仰角

10.4   卫星编队构型重构设计

卫星编队的队形重构是指从一个原有的构型变换到一个适合当前太空飞行任务的新构型。假设卫星编队由 n 颗环绕卫星组成,且第 i 颗卫星的初始状态可以表示为 $X_0^i = [x_0^i, y_0^i, z_0^i, \dot{x}_0^i, \dot{y}_0^i, \dot{z}_0^i]^T$。卫星编队重构最重要的部分是为每颗环绕卫星选择合适的脉冲时间 t_i 和控制加速度 $u_i (i = 1, 2, \cdots, n)$,并且满足碰撞规避原则和控制燃料消耗最优原则。假设第 i 颗卫星在编队重构阶段共进行了 m 次机动过程,则 $t_i = [t_i^0, t_i^1, \cdots, t_i^{m-1}] (0 \leq t_i^0 \leq t_i^1 \leq \cdots \leq t_i^{m-1} \leq T_d)$ 表示第 i 颗卫星队形重构的机动时刻,T_d 为构型重构时间。与机动时刻相对应的控制加速度可以表示为 $u_i = [U_i^0, U_i^1, \cdots, U_i^{m-1}]$,其中 U_i^{m-1} 表示第 i 颗卫星在 t_i^{m-1} 时刻处的控制加速度。假设卫星编队构型重构完成后第 i 颗环绕卫星的相对运动状态为 $X_d^i = [x_d^i, y_d^i, z_d^i, \dot{x}_d^i, \dot{y}_d^i, \dot{z}_d^i]^T$。为了使得环绕卫星 i 能够从初始状态 $X_0^i = [x_0^i, y_0^i, z_0^i, \dot{x}_0^i, \dot{y}_0^i, \dot{z}_0^i]^T$ 变换到目标状态 $X_d^i = [x_d^i, y_d^i, z_d^i, \dot{x}_d^i, \dot{y}_d^i, \dot{z}_d^i]^T$,最终的构型重构约束为

$$\left[\boldsymbol{\Phi}^{m-1}\boldsymbol{\Psi}, \boldsymbol{\Phi}^{m-2}\boldsymbol{\Psi}, \cdots, \boldsymbol{\Phi}\boldsymbol{\Psi}, \boldsymbol{\Psi} \right] \begin{bmatrix} U_i^0 \\ U_i^1 \\ \vdots \\ U_i^{m-2} \\ U_i^{m-1} \end{bmatrix} = X_d^i - \boldsymbol{\Phi}^m X_0^i \qquad (10.6)$$

式中 $\boldsymbol{\Phi}$、$\boldsymbol{\Psi}$——由矩阵 A 和 B 得来的系统状态转移矩阵,并用 t_s 表示群飞行系统的采样时间周期,可以得到式(10.7)和式(10.8)的系数矩阵表达式:

$$\boldsymbol{\Phi} = \begin{bmatrix} 4 - 3\cos nt_s & 0 & 0 & \dfrac{\sin nt_s}{n} & \dfrac{2}{n} - \dfrac{2\cos nt_s}{n} & 0 \\[2ex] -6nt + 6\sin nt_s & 1 & 0 & \dfrac{2}{n} - \dfrac{2\cos nt_s}{n} & \dfrac{4\sin nt_s}{n} - 3t_s & 0 \\[2ex] 0 & 0 & \cos nt_s & 0 & 0 & \dfrac{\sin nt_s}{n} \\[2ex] 3n\sin nt_s & 0 & 0 & \cos nt_s & 2\sin nt_s & 0 \\[2ex] -6n + 6n\cos nt_s & 1 & 0 & -2\sin nt_s & -3 + 4\cos nt_s & 0 \\[2ex] 0 & 0 & -\sin nt_s & 0 & 0 & \cos nt_s \end{bmatrix}$$

$$(10.7)$$

$$\boldsymbol{\Psi} = \begin{bmatrix} 1 - 3\cos nt_s & 0 & 0 \\[2ex] 6nt_s - 6\sin nt_s & 0 & 0 \\[2ex] 0 & 0 & \cos nt_s - 1 \\[2ex] \dfrac{\sin nt_s}{n} & \dfrac{2 - 2\cos nt_s}{n} & 0 \\[2ex] \dfrac{2 - 2\cos nt_s}{n} & \dfrac{4\sin nt_s}{n} - 3t_s & 0 \\[2ex] 0 & 0 & \dfrac{\sin nt_s}{n} \end{bmatrix}$$

$$(10.8)$$

在卫星编队构型重构的过程中,为了保证环绕卫星不会因为队形变换而出现碰撞问题,本文将碰撞规避约束作为卫星编队重构机动的一个关键因素。在机动过程中,卫星编队中每两颗卫星之间都要保持一个特定的距离。因此,碰撞规避约束可以理解为单颗卫星的排斥球原则。以卫星的位置为中心,规定空间内的最小安全距离为 R_s,则碰撞规避约束为

$$\| \boldsymbol{r}_t^i - \boldsymbol{r}_t^j \| > R_s, i,j \in [1,2,\cdots,n]; i \neq j \qquad (10.9)$$

式中　$\boldsymbol{r}_t^i$——第 i 颗卫星在离散时间 t 时刻的位置信息,$\boldsymbol{r}_t^i = [x_t^i, y_t^i, z_t^i]^\mathrm{T}$。

在整个卫星编队构型重构过程中,碰撞规避约束问题即安全性问题应该是优先考虑的因素。卫星编队构型重构的优化目的,是确定出每颗环绕卫星的优化时间向量 $\boldsymbol{t}_i$ 来保证环绕卫星重构路径优化后能够在燃料消耗最小的情况下安全到达编队构型中的指定位置。因此,相对应的优化问题可以转化为

$$\min_{t_1,t_2,\cdots,t_n} = \sum_{i=1}^{n} \sum_{j=1}^{m} \| U_i^j \| \qquad (10.10)$$

该优化问题的一个附加约束问题就是保证卫星编队重构在机动过程中环绕卫星的安全性,即保证每两颗卫星的质心距离大于设定的排斥球半径,如式(10.9)所示。另一个附加约束就是推力器的推力约束:

$$|u_x^i| \leqslant u_{\max}, |u_y^i| \leqslant u_{\max}, |u_z^i| \leqslant u_{\max} \qquad (10.11)$$

式中　u_x^i、u_y^i、u_z^i——第 i 颗卫星在三个坐标轴方向上的推力控制,并且没有符号约束。

由于 u_x^i、u_y^i、u_z^i 没有符号约束,而卫星编队构型重构的路径规划问题的目标函数是控

制输入的绝对值和。所以把第 i 颗卫星的控制输入分解为 u_x^{i+}、u_x^{i-}、u_y^{i+}、u_y^{i-}、u_z^{i+}、u_z^{i-}，即 $u_x^i = u_x^{i+} - u_x^{i-}$，$u_y^i = u_y^{i+} - u_y^{i-}$，$u_z^i = u_z^{i+} - u_z^{i-}$ 且 u_x^{i+}、u_x^{i-}、u_y^{i+}、u_y^{i-}、u_z^{i+}、u_z^{i-} 均大于等于 0。所以卫星编队构型重构问题转化为如式（10.12）所示的线性规划问题来求解最优的控制输入，并满足式（10.6）、式（10.9）、式（10.10）和式（10.11）的条件。

$$\min_{t_1, t_2, \cdots, t_n} = \sum_{i=1}^{n} \sum_{j=1}^{m} \| U_i^j \| = \sum_{i=1}^{n} \sum_{j=1}^{m} (u_x^{ij+} + u_x^{ij-} + u_y^{ij+} + u_y^{ij-} + u_z^{ij+} + u_z^{ij-}) \quad (10.12)$$

对于卫星编队的构型重构仿真的分析，我们可以通过 MATLAB 与 STK 互联进行实时轨道数据的仿真分析。

首先研究卫星编队初始状态下的编队构型，利用 STK 对具体数据进行仿真模拟，然后通过 MATLAB 进行初始构型的设计。对于模型的建立，采用一颗中心卫星和四颗环绕卫星的主从式编队构型，中心卫星的平均轨道根数为 $a_0 = 7\,136.63$ km，$e_0 = 0$，$i_0 = 0$，$\omega_0 = 0$，$\Omega_0 = 0$，$t_{f0} = 0$。其中 $a_0, e_0, i_0, \omega_0, \Omega_0, t_{f0}$ 分别代表中心卫星的半长轴、偏心率、轨道倾角、近地点幅角、升交点赤经和过近地点时刻。

构造卫星编队的初始构型轨道面与中心卫星的轨道夹角为 45°，并且是以中心卫星为参考原点的长半轴为 1 km 的椭圆构型。通过式（10.4），对编队卫星中环绕卫星进行初始化，即绕飞卫星对中心卫星的相对运动状态。再根据式（10.5）中相应的轨道根数参数转换，获得绕飞卫星的轨道六根数，见表 10.3。

表 10.3　环绕卫星轨道根数

卫星编号	a/km	e	i/deg	ω/deg	Ω/deg	t_f/sec
1	7 136.63	$7.006\,1 \times 10^{-5}$	98.430 0	180	359.996	2 999.99
2	7 136.63	$7.006\,1 \times 10^{-5}$	98.426 0	90	$5.125\,2 \times 10^{-16}$	4 499.99
3	7 136.63	$7.006\,1 \times 10^{-5}$	98.430 0	0	$4.058\,0 \times 10^{-3}$	0.009 9
4	7 136.63	$7.006\,1 \times 10^{-5}$	98.434 0	270	$5.130\,4 \times 10^{-16}$	1 500

将卫星编队中各个卫星的轨道根数输入到 STK 软件中，如图 10.14 所示。最终获得如图 10.15 所示的三维场景下的卫星编队构型。

通过仿真动画的运行可以看出，基本符合卫星编队的构型设计。通过图表生成的方式将 STK 仿真软件中的卫星编队各颗卫星的仿真数据制成图表格式，如图 10.16 和图 10.17。最终选择图表中的 ▦ 按钮，将轨道数据导入到 MATLAB 中，通过计算可以完成环绕卫星相对于中心卫星的三维空间构型图，如图 10.18 所示。

利用上述的卫星编队路径规划方案并基于卫星编队的动力学模型进行以下仿真实验。首先考虑一个四星绕飞的卫星编队，其中，中心卫星运行于 7 136.63 km 轨道高度的椭圆形参考轨道上，编队中的其他四颗环绕卫星组成一个椭圆编队构型。椭圆构型的长半轴为 1 km，四颗环绕卫星初始相位分别是 0°、90°、180°、270°，经过重构后的编队仍为椭圆构型，长半轴为 2 km，四颗环绕星的目标相位也分别变为 30°、120°、210°、300°。整个编队构型的重构时间为中心星轨道飞行周期的一半，即 $T_d = \frac{1}{2}T$。仿真过程分为 500 个控制步，每个步长为 $t_s = 10$ s，控制输入的最大值取为 $u_{max} = 2 \times 10^{-3}$ m/s²。在整个机动过程中，四颗环绕卫星的总等效速度增量分别是 $\Delta v_1 = 4.20\,19$ m/s，$\Delta v_2 = 1.392\,6$ m/s，$\Delta v_3 =$

4. 201 9 m/s，Δv_4 = 1. 392 6 m/s。图 10. 19 显示了构型重构在机动过程的路径图，图 10. 20 显示了四颗环绕卫星 x、y、z 方向在构型重构期间的控制加速度，图 10. 21 为 MATLAB 与 STK 互联后 STK 的仿真演示。

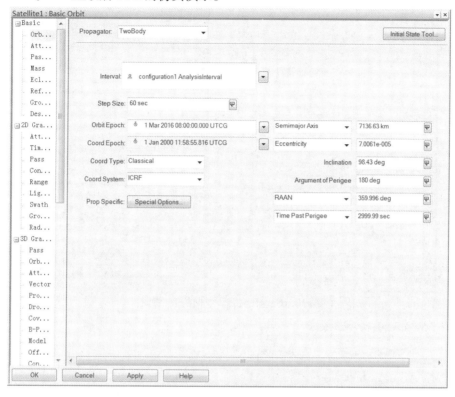

图 10. 14　卫星轨道根数输入

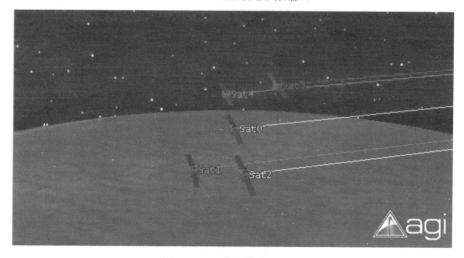

图 10. 15　编队模型结构图

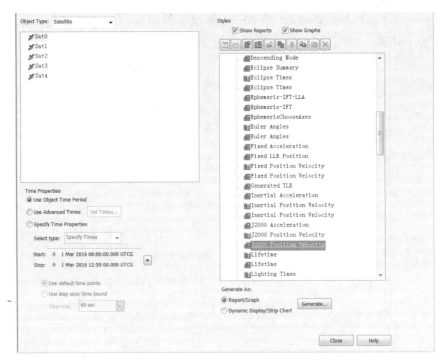

图 10.16　卫星编队数据的表格选择

图 10.17　卫星编队图表生成

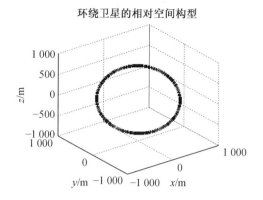

图 10.18　环绕卫星的相对空间构型

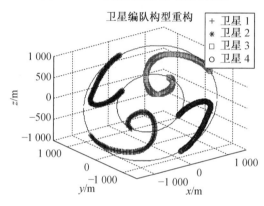

图 10.19　卫星编队构型重构

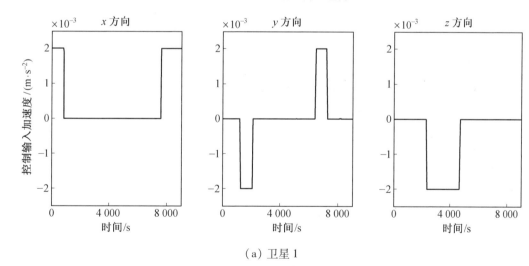

（a）卫星 1

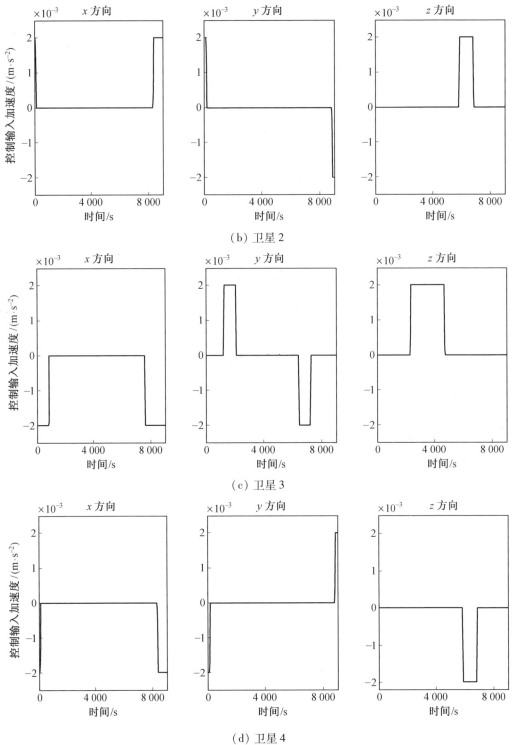

（b）卫星 2

（c）卫星 3

（d）卫星 4

图 10.20　构型重构控制加速度

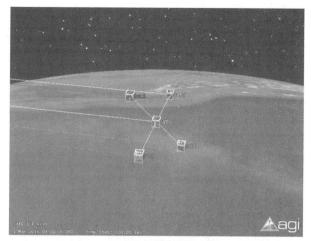

（a）初始构型

（b）队形变换

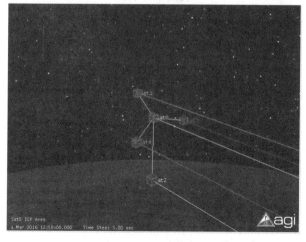

（c）目标构型

图 10.21　构型重构控制加速度

10.5　卫星编队故障构型重构

卫星编队在飞行过程中会碰到个体卫星功能失效的情况,这必然会对整个编队飞行任务产生一定的影响,所以必须对含有故障卫星的卫星编队进行构型的故障重构。

针对这种情况,可以采用编队构型重构来淘汰掉故障卫星,并且补充备份卫星来保证整个编队飞行任务的顺利完成。在整个重构过程中,容易遇到卫星碰撞问题。所以,针对卫星编队构型的失效重构问题,需要通过对故障卫星离开编队的时间和位置选择以及对备份卫星进入编队的时间和位置选择来进行轨道确定。以下讨论两种解决方案:

(1) 卫星编队不存在备份卫星,只通过故障卫星飞离编队来完成卫星编队的队形重构任务;

(2) 卫星编队存在备份卫星,通过故障卫星飞离编队和备份卫星进入编队来完成队形重构的任务。

10.5.1　无备份卫星构型重构

由于故障卫星功能失效,会影响编队中其他卫星的正常工作状态。所以,必须将故障卫星飞离编队,即完成编队构型的降级重组。这样可以实现有效卫星均匀分布在卫星编队构型上,并且这 n 颗卫星之间的相位差为

$$\Delta\varphi = \frac{2\pi}{n} \tag{10.13}$$

所以,第 i 颗卫星出现故障问题导致功能失效离开编队时,卫星间的相位分布需要进行调整来完成卫星编队的队形重构,即 $n-1$ 颗卫星的相位差变为

$$\Delta\varphi' = \frac{2\pi}{n-1} \tag{10.14}$$

因此,可以将编队卫星的故障重构卫星转化为线性规划问题来求得最优的飞行路径,在推力燃料消耗最小的情况下实现无备份卫星的编队构型重组任务,使得新的编队构型中的卫星能够均匀分布。另外,故障卫星离开编队的目标轨道确定主要考虑以下两种方法:一种方法是彻底放弃该故障卫星,通过轨道高度或轨道倾角的大幅度变化使其原理卫星编队防止其他卫星受到影响和干扰;另一种方法是将故障卫星作为卫星编队的伴随卫星或者编队的虚拟中心卫星,这样既不影响编队的正常运行,也可以作为编队卫星观测实验的实验卫星使用。

在仿真实验中,引入一个分布式四星编队,编队为椭圆构型,并且卫星的相位均匀分布在该椭圆构型上。虚拟中心卫星的轨道半径为 7 136.63 km,环绕卫星以虚拟卫星为中心,运行在半长轴为 1 km 的椭圆构型上。假定 2 号卫星失效,故障卫星的目标轨道设定为卫星编队虚拟中心卫星的轨道,并且位于轨道的后方 2 km 处,与卫星编队保持相对稳定的运动状态。则四星环绕卫星的初始相位和目标相位见表 10.4。

整个编队构型的重构时间为虚拟中心卫星轨道周期的 1/3，即 $T_d = \frac{1}{3}T$。整个仿真过程分为 300 个控制步，步长为 $t_s = 6.666\,7$ s，控制输入的最大值取为 $u_{max} = 5 \times 10^{-3}\,\text{m/s}^2$。图 10.22 所示为故障卫星在机动过程中设定的目标相位和机动期间的等效速度增量时间的关系。可以看出，在目标相位为 212° 的时候，该故障卫星的总等效速度的值最小，为 2.480\,1 m/s。所以，本文设定故障卫星的目标相位为 212°。

在整个机动过程中，四颗环绕卫星的总等效速度增量分别是 $\Delta v_1 = 3.540\,3$ m/s，$\Delta v_2 = 2.529\,0$ m/s，$\Delta v_3 = 3.738\,1$ m/s，$\Delta v_4 = 2.296\,6$ m/s。图 10.23 显示了构型重构的机动过程的路径图。图 10.24 为 MATLAB 与 STK 互联后 STK 的仿真演示。

表 10.4　环绕卫星相位变化

卫星编号	初始相位 /deg	目标相位 /deg
1	0	0
2	90	90
3	180	120
4	270	240

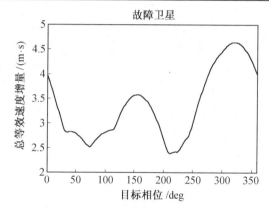

图 10.22　卫星等效速度增量变化

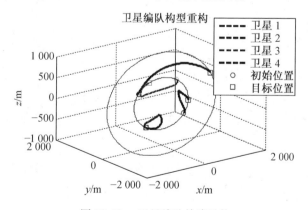

图 10.23　卫星编队故障重构

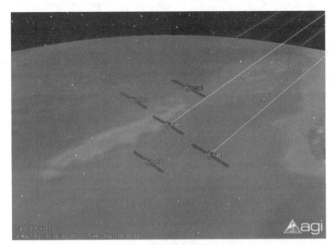

（a）初始构型

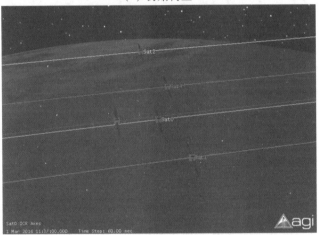

（b）队形变换

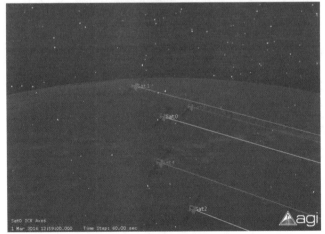

（c）目标构型

图 10.24　构型重构控制加速度

10.5.2　备份卫星构型重构

在编队飞行任务中,为了防止单颗卫星失效而影响编队飞行任务,一般会有备份卫星停泊在卫星编队虚拟中心卫星的同一轨道上,并位于虚拟中心卫星的前方或者后方一定距离处,这样由于 J2 影响产生的轨道漂移量相同,可以与卫星编队系统保持相对稳定的运动状态。所以,卫星编队在拥有备份卫星的情况下,可以在单颗卫星失效时通过故障卫星飞离编队和备份卫星进入编队来完成编队卫星的故障构型重构,保证卫星编队飞行任务的正常进行。

备份卫星进入卫星编队的目的是替代失效卫星的位置和功能,与其他卫星重新变为统一的编队整体。在实验仿真阶段,与无备份卫星的仿真案例相同,引入一个分布式四星编队,编队为椭圆构型,并且卫星的相位均匀分布在该椭圆构型上。虚拟中心卫星的轨道半径为 7 136.63 km,环绕卫星以虚拟卫星为中心,同样运行在半长轴为 1 km 的椭圆构型上。假定 2 号卫星失效,故障卫星设定为机动到更大构型,即半长轴为 2 km 的椭圆形构型上。备份卫星位于编队卫星虚拟中心卫星后方 2 km 处,四颗环绕卫星的初始相位分别为 $0°,90°,180°,270°$。整个编队构型的重构时间为虚拟中心卫星轨道周期的 1/4,即 $T_d = \frac{1}{4}T$。整个仿真过程有 300 个控制步,步长为 $t_s = 5$ s,控制输入的最大值取为 $u_{max} = 5 \times 10^{-3}$ m/s^2。

针对已经获得目标相位的失效卫星离开卫星编队和备份卫星进入卫星编队进行路径规划,重构过程如图 10.25 所示,图 10.26 为重构过程在 xy 平面的投影图。在整个机动过程中,四颗环绕卫星和备份卫星的总等效速度增量分别是 $\Delta v_1 = 0$ m/s,$\Delta v_2 = 0.025$ m/s,$\Delta v_3 = 0$ m/s,$\Delta v_4 = 0.025$ m/s,$\Delta v_5 = 0.025$ m/s。

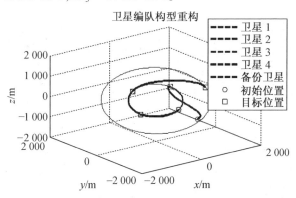

图 10.25　卫星编队故障重构

利用 MATLAB 获得的仿真数据,将其输入到 STK 中,可以得到基于 STK 的可视化演示结果,如图 10.27 所示。从图 10.27(a)到图 10.27(c)分别表示了编队重构中的各卫星的初始构型、备份卫星与故障卫星机动以及最终构型的过程。

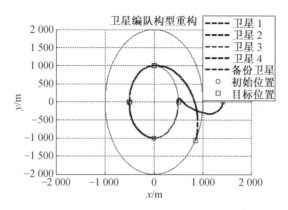

图 10.26　卫星编队故障重构 xy 平面

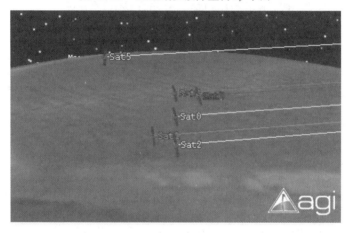

（a）

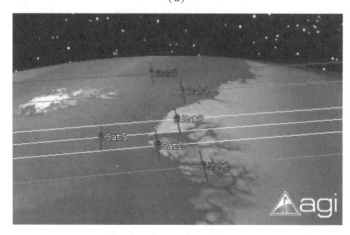

（b）

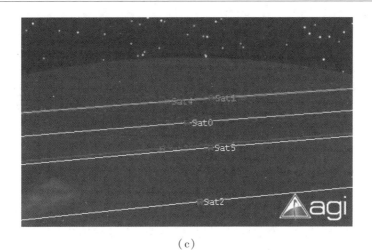

（c）

图 10.27　卫星编队故障重构 STK 演示

第 11 章　应用 STK/X 组件在星座导航中的设计与分析

本章主要分析 STK 提供的 STK/X 控件的二次开发功能,并结合 MATLAB 对卫星在轨运行进行仿真,用于产生卫星仿真时所需的各种数据,为研究导航算法、覆盖分析、设计方案分析等提供便利,由此给研究人员提供一种经济、便捷的开发卫星在轨运行仿真系统的途径。

11.1　STK/X 组件简介

随着虚拟现实技术的发展与应用,实时展现航天任务的全过程已成为可能。为了满足复杂航天任务的可视化仿真的需求,需要构建一个高效的实时可视化仿真系统,从而为太空任务设计者和决策者提供直观形象的画面。

然而,随着有关 STK 与 MATLAB 互联仿真技术研究的增多,以及对仿真平台越来越高的要求,有关卫星实时仿真平台的研究已经不仅仅局限在该系统的构建领域,更多的研究重心则放在了系统的集成、交互界面以及运行效率的问题上。如图 11.1 所示,平台的主体是 STK 与 MATLAB。实现二者的互联,一般有两种方案。

(1)利用 STK/Connect 模块,通过 TCP/IP 协议进行通信。通过 MATLAB/STK 接口在 STK 和 MATLAB 之间提供的双向通信路径,用户可以使用 150 多条 MATLAB 指令,直接设计 STK 的场景和模型。而 MexConnect 工具包则保证了在 MATLAB 工作区域使用 STK/Connect 指令的能力。一般 MATLAB 中的执行语句可以写成 stkExec(conid,command)的形式,具体的"command"可以在 STK 指令库中找到。此外用户还可以通过 SIMULINK模块中的 AeroToolbox 工具包对卫星的轨道姿态进行建模,然后将数据传输到 STK 中进行验证。

然而基于 STK/Connect 中间件的仿真模式需要同时启动 STK 和 MATLAB,且两者运行在不同的进程空间,通过 TCP/IP 协议通信,系统性能受网络带宽和质量影响较大,若大量加载与任务无关的模块,将造成计算资源浪费,大大降低系统仿真效率。

(2)通过 COM(Component Object Model),COM 提供了创建兼容组件对象的技术,组件间互相通信的协议,能够连接应用程序进程之外的对象,与 COM 兼容的组件称为 ActiveX 控件。STK 的 PC 用户可以利用 STK 所采用的 ActiveX 控件来方便地与其他支持 COM 操作的应用程序集成,这其中就包括 MATLAB。一般基于 COM 的 MATLAB 指令可以写成 root. Excute Command(command)的形式。

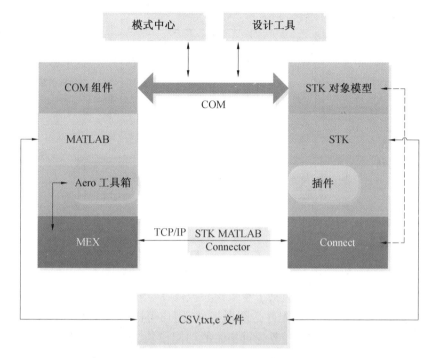

图 11.1　传统的 STK 与 MATLAB 互联实现方法

STK/X 组件是 STK 中提供的一套 COM 组件,以 ActiveX 控件形式存在,它允许 STK 中的 2D、3D 可视化界面和各种数据分析能力无缝集成到应用程序中。STK/X 组件对象模型主要包含 4 种控件:

(1)3D Globe 控件。

3D Globe 控件可以将 3D 空间仿真界面集成到应用程序中,进而可以把 AGI Globe 控件当作普通界面控件对待,开发者可以调用接口 API 函数、编写事件响应代码,以响应和控制用户在 3D 界面上的各种操作。

(2)2D Map 控件。

2D Map 控件,其功能和应用方法与 3D Globe 控件类似。

(3)Application 组件。

Application 组件是应用程序连接 STK 分析引擎的通道,可直接在程序中使用。利用 Application 组件接口可完成与 STK 分析引擎的通信,并通过发送各种命令完成预定任务的计算。

(4)图形分析控件。

图形分析控件代表了空间仿真环境的分析工具,可以对区域、方位角、海拔和遮蔽等进行分析。

图 11.2 给出了基于 STK/X 组件的应用模式框架。STK/X 组件作为的一个组成部分被集成到应用程序中,处理单元通过应用接口 API 直接与 STK/X 组件进行通信,并由 STK/X 组件将仿真结果直接通过本地调用回传至处理单元,再根据任务由处理单元对返回的结果进行处理。

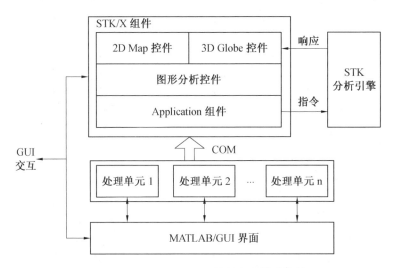

图 11.2　基于 STK/X 组件的应用模式架构

在图 11.2 中,STK/X 组件包括了 4 个核心控件,应用程序可根据任务需要选择加载。其中,3D Globe 控件和 2D Map 控件是图形控件,用户可以直接与其进行交互,可为用户提供交互接口。处理单元是与任务逻辑相关的功能模块,可根据任务的复杂程序划分为多个功能模块,并通过各功能模块间的相互配合完成任务的逻辑控制、数据处理等功能。

MATLAB GUI 模块是一个编辑界面,其处理单元可以激活含有 COM 指令的 m 文件。通过 MATLAB GUI 总体结构,可将上述各个功能模块进行集成到具有人机交互功能的仿真系统。

11.2　交互界面设计

本节将构建一个星座性能分析的人机交互平台,具体设计步骤如下。

11.2.1　工程创建

开启软件 MATLAB,新建 GUI 文件,系统将会自动打开 GUIDE Quick Start 对话框,如图 11.3 所示。在 Create New GUI 栏中选择 Blank GUI(Default)项,单击"OK",GUIDE 则会生成一个默认表单,如图 11.4 所示。

11.2.2　STK/X 控件添加

在生成的编辑界面左侧工具栏选择 ActiveX Control 工具,如图 11.5 所示。

点击并拖放控件,为 Map 控件留下空间。结束点击后,会弹出一个对话框,选择 AGI Map Control 10,如图 11.6 所示。

然后点击 Create,关闭"Select an ActiveX Control"对话框。用同样的方法添加 AGI Globe Control 10 控件如图 11.7 所示,此时表单中应该有两个大的矩形区域:一个对应 Map 控件,另一个对应 Globe 控件,效果图如图 11.8 所示。保存表单,名字为"chongfang. fig"。此时,GUIDE 将会在 m 文件中创建表单相应的支持代码。

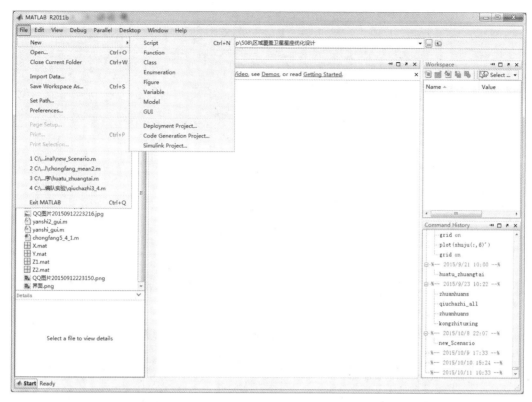

图 11.3　创建 GUI

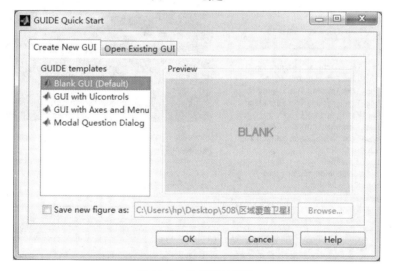

图 11.4　选择默认属性

在 GUIDE 工具栏中点击 Run 按钮,运行表单,具体操作和效果如图 11.9 所示。

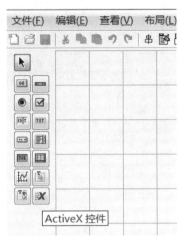

图 11.5　选择 ActiveX Control 控件

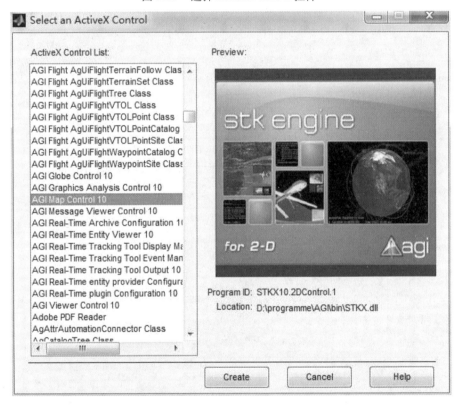

图 11.6　添加 AGI Map Control 10 控件

11.2.3　画图坐标设定

选择图 11.10 表单工具栏中的轴,在表单编辑界面合适区域添加画图模块,用以生成仿真图形,如图 11.11 所示。

最后,运行生成如图 11.12 所示的效果图。

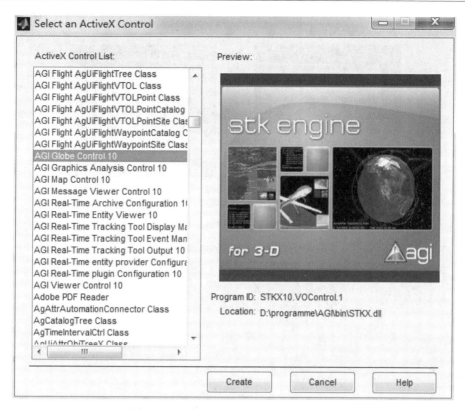

图 11.7　添加 AGI Globe Control 10 控件

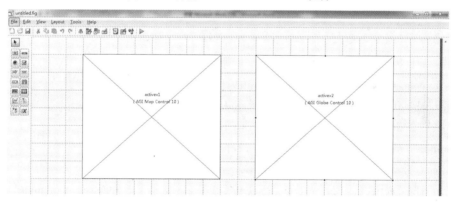

图 11.8　表单编辑效果

11.2.4　STK/X 指令发送

（1）新建场景。

在 GUIDE 左侧工具栏中，选择"Push Button"工具。在表单的空白区域点击拖放该按钮，双击按钮，打开"Property Inspector"属性栏，将 String 设为"新建场景"。右击按钮，点击"View Callbacks"，选择"Callback"，会自动转到代码编辑界面，找到下面这段代码，添加加粗部分，则能够通过该按钮实现场景初始化。

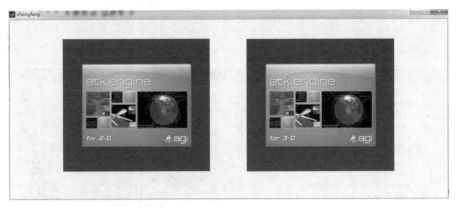

图 11.9　表单运行效果

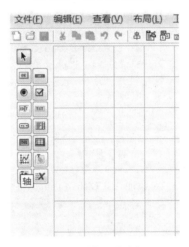

图 11.10　添加坐标图 Axes

% --- Executes on button press in pushbutton1.

function pushbutton1_Callback(hObject, eventdata, handles)

% hObject　　handle to pushbutton1 (see GCBO)

% eventdata　reserved - to be defined in a future version of MATLAB

% handles　　structure with handles and user data (see GUIDATA)

invoke(handles. activex1. Application, 'ExecuteCommand', 'New / Scenario chongfang');

invoke(handles. activex1. Application, 'ExecuteCommand', 'SetAnimation * StartTimeOnly "19 Sep 2015 04:00:00.0" TimeStep 60 RefreshDelta 0.5 RefreshMode RefreshDelta');

invoke(handles. activex1. Application, 'ExecuteCommand', 'SetAnimation * EndMode Loop Endtime "23 Sep 2015 04:00:00.00" ');

　　按同样的方法可以添加各类功能性按钮,用以向 STK/X 发送指令对应操作和效果如图 11.13～图 11.16 所示。

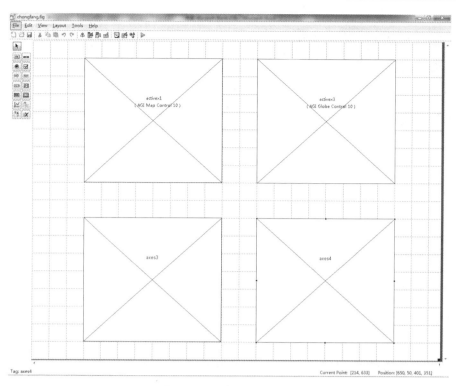

图 11.11　坐标图 Axes 布局

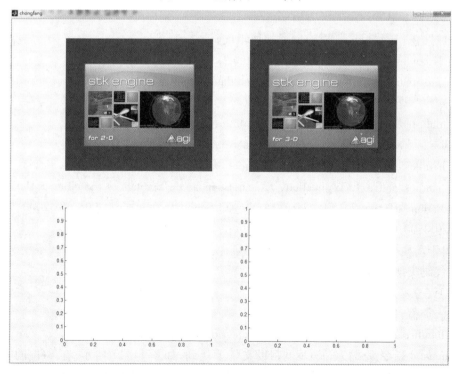

图 11.12　运行效果

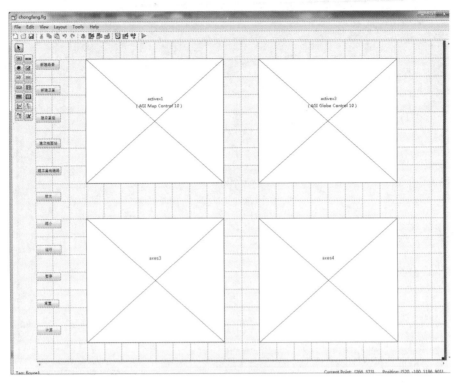

图 11.13　添加功能按钮

（2）新建卫星。

添加按钮"新建卫星"，对应地添加加粗代码：

% --- Executes on button press in pushbutton2.

function pushbutton2_Callback(hObject, eventdata, handles)

% hObject　　handle to pushbutton2（see GCBO）

% eventdata　reserved - to be defined in a future version of MATLAB

% handles　　structure with handles and user data（see GUIDATA）

invoke(handles.activex1.Application,'ExecuteCommand','New / *∕Satellite Sat1');

invoke(handles.activex1.Application,'ExecuteCommand','SetState *∕Satellite/Sat1 Classical J2Perturbation "19 Sep 2015 04:00:00.00" "23 Sep 2015 04:00:00.00" 60 J2000 "29 Sep 2015 00:00:00.00" 6900000 0 40 0 -60 0');

说明：由于篇幅原因，这里只添加了一颗卫星，实际应用模式中，采用了 20 颗卫星，其余卫星添加代码类似，此处省略。

（3）建立星座、地面站、星地链路。

方法类似，指令格式如下：

invoke(handles.activex1.Application,'ExecuteCommand','command');

command 指令都可以在 STK 的帮助文件下找到，如图 11.17 所示，在 STK 的安装目录下，打开 help 文件夹，再打开"connectCmds"文件，即可看到操作指令，STK 的操作基本都涵盖在内。

图 11.14　设置按钮属性

（4）放大缩小场景，以及运行、暂停、重置时间。

添加加粗部分代码，即可实现：

% --- Executes on button press in pushbutton6.

function pushbutton6_Callback(hObject, eventdata, handles)

% hObject　　　handle to pushbutton6 (see GCBO)

% eventdata　reserved – to be defined in a future version of MATLAB

% handles　　structure with handles and user data (see GUIDATA)

invoke(handles. activex1. Application,'ExecuteCommand','Animate ∗ Start End');

% --- Executes on button press in pushbutton7.

function pushbutton7_Callback(hObject, eventdata, handles)

% hObject　　　handle to pushbutton7 (see GCBO)

% eventdata　reserved – to be defined in a future version of MATLAB

% handles　　structure with handles and user data (see GUIDATA)

invoke(handles. activex1. Application,'ExecuteCommand','Animate ∗ Pause');

% --- Executes on button press in pushbutton8.

function pushbutton8_Callback(hObject, eventdata, handles)

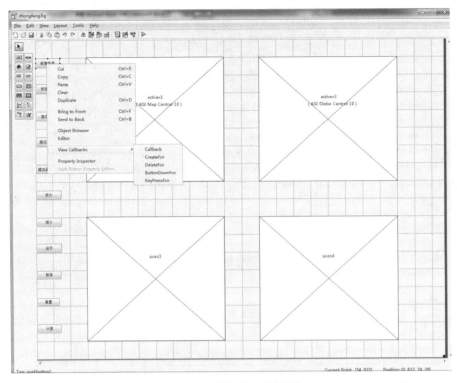

图 11.15　编辑对应程序指令

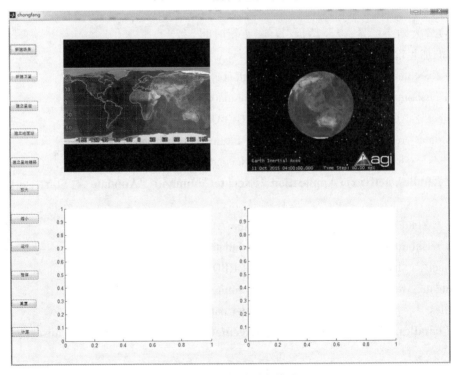

图 11.16　场景初始化效果

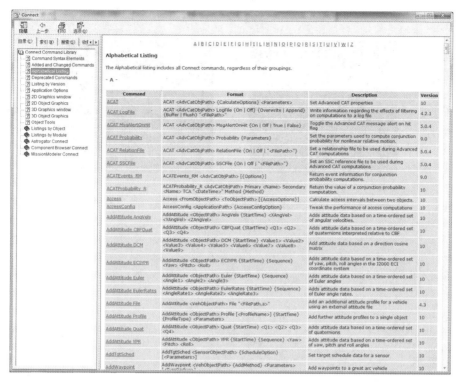

图 11.17　STK Connect 指令

% hObject　　handle to pushbutton8（see GCBO）

% eventdata　reserved − to be defined in a future version of MATLAB

% handles　　structure with handles and user data（see GUIDATA）

invoke（handles. activex1**. Application**,**′ExecuteCommand′**,**′Animate ∗ Reset′**）；

% −−− Executes on button press in pushbutton10.

function pushbutton10_Callback（hObject，eventdata，handles）

% hObject　　handle to pushbutton10（see GCBO）

% eventdata　reserved − to be defined in a future version of MATLAB

% handles　　structure with handles and user data（see GUIDATA）

invoke（handles. activex1，**′ZoomIn′**）

% −−− Executes on button press in pushbutton11.

function pushbutton11_Callback（hObject，eventdata，handles）

% hObject　　handle to pushbutton11（see GCBO）

% eventdata　reserved − to be defined in a future version of MATLAB

% handles　　structure with handles and user data（see GUIDATA）

invoke（handles. activex1，**′ZoomOut′**）

　　运行效果如图 11.18 和图 11.19 所示。

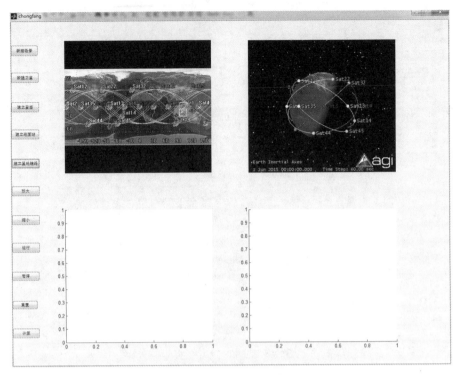

图 11.18　添加卫星、星座、地面站以及链路后的效果图

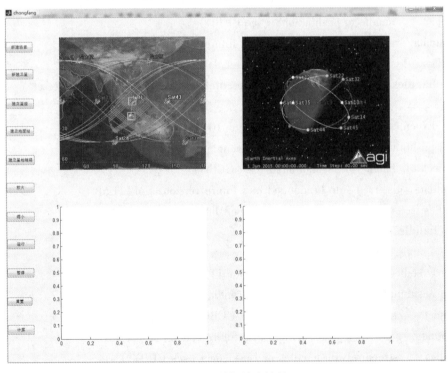

图 11.19　局部放大效果

（5）数据处理。

最后一个操作指令按钮为"计算"，即对该场景下的卫星数据进行统计、处理，可以将 STK 中的计算数据导入到 MATLAB 的 workspace 中，再利用 MATLAB 对数据进行分析，得出其覆盖性能，最终的生成效果如图 11.20 所示。

至此，一个简单的 MATLAB 的 STK/X 的示例基本完成，可以通过"新建场景""新建卫星""建立星座""建立地面站""建立星地链路"等功能性按钮实现添加场景对象的操作，并通过"放大""缩小""运行""暂停"等按钮，对界面进行演示，并通过"计算"按钮，实时计算该星座的平均重访时间和星地链路数等跟星座覆盖性能相关的数据，并通过图像的形式将其展示出来。

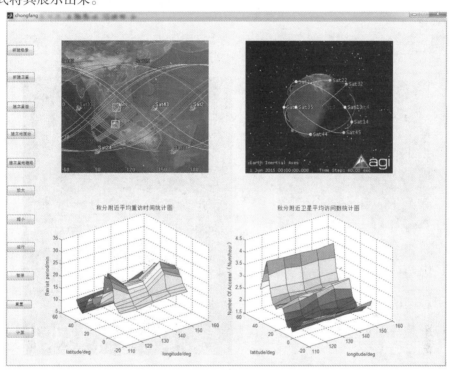

图 11.20　人机交互界面演示

11.3　北斗导航星座性能分析

11.3.1　北斗导航星座介绍

对于北斗导航星座，地面可见卫星数目越多，导航性能越好。星座系统所提供的定位几何是影响定位精度的重要因素，一般用精度衰减因子 DOP（Dilution of Position）来描述，当 GDOP 值小于 5 时为性能良好。

北斗星座由 5 颗 GEO、3 颗 IGSO 和 27 颗 MEO 组成。为了横向比较北斗导航系统的星座性能，该教学平台设置 3 个地面站，分别为 Beijing_Station（东经 116.228°，北纬

40.1172°)、Sanya_Station（东经 109.311°，北纬 18.313°）以及 Bristow_Station（西经 77.5732°，北纬 38.7837°）。

11.3.2 北斗导航星座场景建立

为了建立应用场景，通过 GUI 界面相应按钮，布置卫星星座和两个地面站，建立星地链路（在这里由指令串一步完成，节约了操作步骤和时间，具体指令代码如上节所述。）

图 11.21 是基于 STK/X 与 MATLAB 互联仿真的 GUI 集成界面。将 2D 图中 Sanya_Station 附近区域放大，可以看到星座中的卫星与地面站之间的链路。同样，3D 图中也展示了卫星星座分布以及星地链路。点击"运行"按钮可以得到北斗导航系统与星地链路的视频影像。

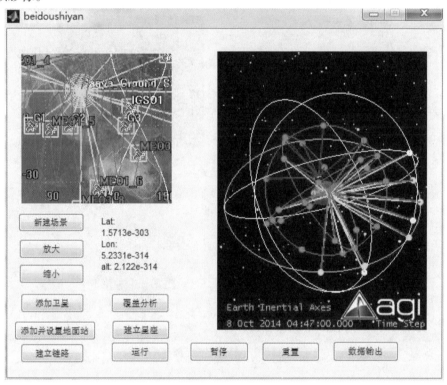

图 11.21　GUI 人机交互界面

点击图 11.21 中的"覆盖分析"按钮，可对星座与各地面站之间的链路进行分析，并产生对应的分析报告；点击"数据输出"按钮，得到卫星可见数统计图和 GDOP 分析图，如图 11.22 和图 11.23 所示。

通过图 11.22 和图 11.23 的比较可以发现，对于中国地区，纬度越低，可见卫星数目越多，GDOP 值越小；而同纬度的美国地区，卫星可见数目以及 GDOP 值都远不如中国地区。因为北斗导航星座中有 5 颗 GEO 以及 3 颗 IGSO 稳定在中国地区上空。

图 11.24 为卫星星座最大重访时间图，这里对地面上几乎所有可能位置都做了卫星的最大重访时间计算，而图 11.24 中的信息也显示绝大多数地区的重访时间很小，由此可见北斗导航系统能够实现对地球绝大多数地区的覆盖。

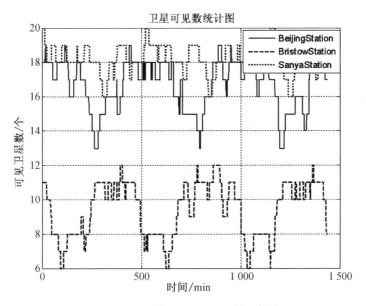

图 11.22 不同地区卫星可见数比较图

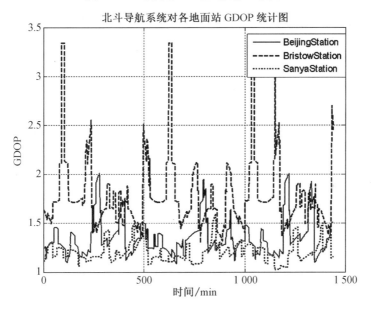

图 11.23 不同地区 GDOP 比较图

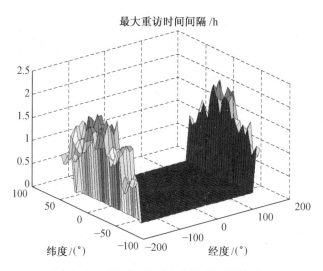

图 11.24　卫星星座最大重访时间统计图

参考文献

［1］李新洪. 多模块航天器的控制及实时仿真技术［M］. 北京：国防工业出版社,2014.

［2］曹喜滨. 航天器编队动力学与控制［M］. 北京：国防工业出版社,2013.

［3］丁溯泉,张波,刘世勇. STK 在航天任务仿真分析中的应用［M］. 北京：国防工业出版社,2011.

［4］BREGER L S, HOW J P. Model predictive control for formation flying spacecraft［D］. Cambridge：Massachusetts Institute of Technology,2004.

［5］PARK S, HWANG I, PARK C. Collision avoidance algorithm for satellite formation reconfiguration under the linearized central gravitational fields［J］. International Journal of Aeronautical & Space Sciences, 2013, 30(1)：11-15.

［6］SCHAUB H. Relative orbit geometry through classical orbit element differences［J］. Journal of Guidance Control & Dynamics, 2004, 27(5)：839-848.

［7］IZZO D. Autonomous and distributed motion planning for satellite swarm［J］. Journal of Guidance Control & Dynamics,2007, 30(2)：2510-2514.

［8］BATTIN R H, RICHARD H. An introduction to the mathematics and methods of astrodynamics［M］. New York：AIAA Education Series,1987.

［9］杨颖,王琦. STK 在计算机仿真中的应用［M］. 北京：国防工业出版社,2005.

［10］CLOHESSY W H. Terminal guidance system for satellite rendezvous［J］. Journal of the Aerospace Sciences, 1960, 27(9)：653-658.

［11］张玉锟. 卫星编队飞行的动力学与控制技术研究［D］. 长沙：中国人民解放军国防科学技术大学, 2002.

［12］王辉,顾学迈. 编队卫星防碰撞规避路径规划方法与控制研究［J］. 中国空间科学技术, 2009, 29(5)：67-74.

［13］陈计辉,熊智,王融,等. 小卫星编队绕飞构型运动学设计与分析研究［J］. 航天控制, 2009, 27(6)：33-37.

［14］孙东,周凤岐,周军. 卫星进入和离开编队机动轨迹规划及控制［J］. 航天控制, 2003, 21(4)：11-17.

［15］陈波,张刚,王娜,等. 基于 STK/X 组件的视景仿真关键技术［J］. 计算机工程,2011, 10：261-263.

［16］MIKHAIL V M, GERMAN S S. The application of small satellites in the construction of passive space-based systems［C］. Geoscience and Remote Sensing Symposium, Munich, Germany,2012：1026-1029.

［17］郭伟民,赵新国,曹延华. 基于 STK 的微小卫星姿态控制可视化演示与验证［J］. 系统仿真学报,2008,20(S1)：319-322.

名词索引